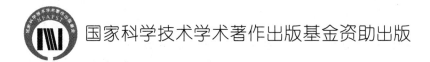国家科学技术学术著作出版基金资助出版

手势识别技术理论及应用

苗启广　李宇楠　著
刘向增　刘如意

西安电子科技大学出版社

内 容 简 介

本书以手势识别技术理论与应用为主题，系统地介绍了该领域常用的数据集，以及基于手工特征、卷积神经网络、循环神经网络及其变种、多模态数据融合与注意力机制等实现的手势识别算法。此外，本书还结合作者的开发经验，介绍了手势识别在真实场景中的应用，旨在使读者在了解相关技术的同时提升实际应用能力。

本书既适合从事计算机视觉和人工智能领域研究的技术人员阅读，也可以作为高等院校相关专业师生的参考教材。

图书在版编目(CIP)数据

手势识别技术理论及应用/苗启广等著. —西安：西安电子科技大学出版社，2022.6
(2024.4 重印)
ISBN 978 - 7 - 5606 - 6342 - 5

Ⅰ. ①手… Ⅱ. ①苗… Ⅲ. ①手势语—自动识别—研究 Ⅳ. ①TP391.4

中国版本图书馆 CIP 数据核字(2022)第 062984 号

策　　划　高　樱　明政珠
责任编辑　杨　薇
出版发行　西安电子科技大学出版社(西安市太白南路 2 号)
电　　话　(029)88202421　88201467　　邮　编　710071
网　　址　www.xduph.com　　电子邮箱　xdupfxb001@163.com
经　　销　新华书店
印刷单位　陕西博文印务有限责任公司
版　　次　2022 年 6 月第 1 版　2024 年 4 月第 2 次印刷
开　　本　787 毫米×1092 毫米　1/16　印张 12
字　　数　187 千字
定　　价　69.00 元
ISBN 978 - 7 - 5606 - 6342 - 5/TP

XDUP 6644001 - 2

＊＊＊如有印装问题可调换＊＊＊

前　言

从人类诞生开始，手势作为人类的一种交流方式就已经形成。手势作为语言的补充，为人们的交流带来了便利。近些年来，随着人工智能技术的不断发展，学术界和工业界涌现出一大批手势识别算法，有效推动了该领域的发展。与此同时，随着人们对人机交互友好性和便利性要求的不断提升，手势作为人类认知和感受世界的最基础、最自然的交互方式之一，自然也成为了未来人机交互方式的一个重要发展方向。因此，研究在真实场景中的手势识别技术对提升人机交互技术的可用性有着重要的现实意义。

近二十年来，国内外学者在人体动作/手势识别领域取得了丰富的研究成果，特别是近年来深度学习技术的蓬勃发展催生了大量实现方法简单、性能优良的算法。然而，目前系统介绍手势识别技术理论和应用的书籍非常少，这使得不少初学者难得其要，不便开展研究，同样也不利于推动手势识别这一领域整体研究的普及和发展。鉴于此，作者结合自己多年来在手势识别技术及应用领域的研究经验和国内外学者的最新研究成果，编著了本书。

本书主要从基于计算机视觉的手势识别方法入手，重点讨论了现有的各类手势识别技术理论及相关的研究成果。全书首先以手势识别技术的发展历程为线索，系统介绍了基于传统的手工特征、卷积神经网络、循环神经网络及其变种、多模态数据融合及注意力机制的手势识别方法；随后结合作者在研究手势识别及其应用过程中的经验，介绍了三个基于手势识别的人机交互案例；最后介绍了未来手势识别问题的新的研究方向和应用场景。

本书共 9 章。第 1 章介绍了手势识别的基本概念及发展，包括手势识别的概念、现有手势识别方法的分类与发展情况，以及当前手势识别领域存在的主要问题；第 2 章着眼于手势识别领域常用的数据集，从静态和动态手势识别这两类问题入手，分别介绍了相关数据集，并对这些数据集的提出时间、模态类型、数据量等内容进行了比较和分析；第 3 章主要关注基于传统的手工特征的手势识别方法，以手势识别过程中的不同步骤为依据，分别介绍了手部区域分割、手势特征提取和手势识别的不同方法；第 4 章从深度卷积神经网络的发展谈起，分别介绍了二维和三维卷积神经网络的结构，以及基于这些网络实现手势识别的各种方法；第5章主要介绍了基于循环神经网络及其变种的手势识别方法，首先说明了循环神经网络的概念与内涵，包括循环神经网络的发展概述、循环神经网络的不同变种、结合外部存储单元的记忆网络等，随后介绍了这些网络模型是如何应用于动态手势识别任务中的；第6章主要关注基于多模态数据融合的手势识别方法，首先介绍了深度、红外、骨骼、光流、显著性等不同模态数据的特点及生成方法，随后介绍了在手势识别任务中不同阶段实现多模态数据融合的方法及性能差异；第7章的重点是注意力机制在手势识别中的应用，首先介绍了注意力机制的概念，随后分析了作为手势识别前处理的注意力机制和基于不同模态互补性的注意力机制两种将注意力机制与手势识别相结合的方法；第8章结合作者的开发经验，以三个应用案例为基础介绍了将手势识别用于人机交互的框架及技术细节；第9章对手势识别在未来人机交互中应用的发展情况展开探讨，介绍了面向人机交互的手势识别在当前研究中遇到的问题及未来可能的研究方向，以及手势识别未来可以在哪些人机交互应用中进一步发挥作用。

本书内容系统、全面、新颖，理论与典型应用实例相结合，既可以作为大学本科生和研究生的补充教材，也可以作为企业应用手势识别时的理论指导用书；既可以作为初次接触手势识别技术者的入门读物，也可以作为高级研究人员的参考书。本书的读者对象为图像处理、计算机应用、模式识别等领域的专业人员和研究人员，以及高等院校相关专业的师生。阅读本书需要读者具备线性代数、微分和概率论等基础，并且对于人工智能和机器学习的基本知识有所了解。

全书由苗启广、李宇楠、刘向增和刘如意共同编写，其中苗启广参与编写了第1、8、9章，李宇楠参与编写了第1、2、6、7、9章，刘向增参与编写了第3、4、5章，刘如意参与编写了第2、3、8章。本书的编写还得到了史媛媛、陈绘州、房慧娟、梁思宇、扶小龙和苗凯彬等人的大力帮助，在此一并表示感谢。由于作者水平有限，时间仓促，书中难免会出现一些错漏之处，恳请读者批评指正。

作　者

2021 年 10 月

目　　录

第1章　手势识别的基本概念及发展 ……………………………………………… 1

1.1　手势识别的概念……………………………………………………………… 1

1.1.1　手势的形成与其在人类社会中的作用 ……………………… 1

1.1.2　手势与人机交互 ……………………………………………… 3

1.2　手势识别算法的发展情况 ………………………………………………… 5

1.2.1　基于手工特征的方法 ………………………………………… 6

1.2.2　基于概率图模型的方法 ……………………………………… 7

1.2.3　基于视觉词袋的方法 ………………………………………… 8

1.2.4　基于神经网络的方法 ………………………………………… 8

1.3　当前手势识别领域面临的挑战 …………………………………………… 10

1.4　本章小结 …………………………………………………………………… 11

参考文献……………………………………………………………………………… 11

第2章　手势识别领域的常用数据集 …………………………………………… 19

2.1　静态手势数据集 …………………………………………………………… 20

2.2　动态手势数据集 …………………………………………………………… 23

2.3　数据集总结 ………………………………………………………………… 32

2.4　本章小结 …………………………………………………………………… 35

参考文献……………………………………………………………………………… 35

第3章　基于手工特征的手势识别方法 ………………………………………… 39

3.1　手部区域分割 ……………………………………………………………… 39

3.1.1　基于边缘信息的分割方法 …………………………………… 39

3.1.2　基于运动分析的分割技术 …………………………………… 41

3.1.3　基于肤色特征的分割方法 …………………………………… 44

3.1.4　小结 …………………………………………………………… 45

3.2　手势特征提取 ……………………………………………………………… 45

3.2.1　Haar-like 特征 ………………………………………………… 45

　　3.2.2　LBP 特征 ·· 49

　　3.2.3　SIFT 特征 ··· 50

　　3.2.4　SURF 特征 ··· 56

　　3.2.5　HOG 特征 ·· 59

　　3.2.6　HOF 特征 ·· 62

　　3.2.7　小结 ··· 63

3.3　手势识别 ··· 63

　　3.3.1　模板匹配 ··· 63

　　3.3.2　有限状态机 ·· 64

　　3.3.3　动态时间规整 ·· 68

3.4　本章小结 ··· 71

参考文献 ·· 71

第 4 章　基于卷积神经网络的手势识别方法 ································ 75

4.1　深度卷积神经网络的发展概述 ··· 75

4.2　深度卷积神经网络的基本操作 ··· 76

　　4.2.1　卷积神经网络的特点 ··· 76

　　4.2.2　卷积神经网络的基本结构 ·· 78

　　4.2.3　卷积神经网络的训练过程 ·· 81

4.3　二维卷积神经网络在手势识别中的应用 ··································· 83

　　4.3.1　双流网络 ··· 83

　　4.3.2　Temporal Segment Networks ··· 83

4.4　三维卷积神经网络的基本操作 ··· 84

　　4.4.1　三维卷积 ··· 85

　　4.4.2　三维池化 ··· 85

4.5　三维卷积神经网络在手势识别中的应用 ··································· 86

　　4.5.1　C3D 网络 ··· 86

　　4.5.2　ResC3D 网络 ··· 88

　　4.5.3　Two-Stream Inflated 3D ConvNet 网络 ···························· 90

4.6　本章小结 ··· 92

参考文献 ·· 93

第5章　基于循环神经网络及其变种的手势识别方法 ···················· 96

5.1　循环神经网络的发展概述 ······································· 96

5.2　循环神经网络及其变种 ··· 97

　　5.2.1　RNN 的基本结构 ·· 97

　　5.2.2　双向 RNN ··· 98

　　5.2.3　LSTM ·· 99

　　5.2.4　GRU ··· 100

5.3　结合外部存储单元的记忆网络 ··································· 102

　　5.3.1　记忆网络框架 ·· 102

　　5.3.2　神经图灵机 ·· 103

5.4　循环神经网络在手势识别中的应用 ······························ 106

　　5.4.1　RNN 在手势识别中的应用 ································ 107

　　5.4.2　LSTM 在手势识别中的应用 ······························ 108

　　5.4.3　记忆网络和 LSTM 相结合在手势识别中的应用 ·············· 109

5.5　本章小结 ·· 111

参考文献 ··· 111

第6章　基于多模态数据融合的手势识别方法 ······················· 113

6.1　多模态数据的生成 ··· 113

　　6.1.1　深度数据 ·· 113

　　6.1.2　红外数据 ·· 115

　　6.1.3　骨骼数据 ·· 117

　　6.1.4　光流数据 ·· 121

　　6.1.5　显著性数据 ·· 123

6.2　不同模态数据的融合算法 ······································· 126

　　6.2.1　数据级融合 ·· 127

　　6.2.2　特征级融合 ·· 128

　　6.2.3　决策级融合 ·· 133

　　6.2.4　其他融合方法 ·· 136

6.3　本章小结 ·· 138

参考文献 ··· 138

第7章 手势识别与注意力机制 ································ 143

7.1 注意力机制的概念 ································· 143

　7.1.1 注意力机制的研究进展 ························· 143

　7.1.2 人类的视觉注意力 ··························· 143

　7.1.3 注意力机制在计算机视觉中的使用 ················· 144

7.2 作为手势识别前处理的注意力机制 ···················· 145

　7.2.1 光照平衡 ······························· 145

　7.2.2 预先手部检测 ···························· 147

7.3 基于不同模态数据互补性的注意力机制 ················· 151

7.4 本章小结 ································· 155

参考文献 ···································· 156

第8章 基于手势识别的人机交互案例 ····················· 159

8.1 手势识别案例一：无人机控制 ······················ 159

8.2 手势识别案例二：智能家居控制 ···················· 165

8.3 手势识别案例三：机器人控制 ······················ 171

8.4 本章小结 ································· 175

参考文献 ···································· 175

第9章 手势识别在未来人机交互中应用的发展探讨 ··············· 177

9.1 面向人机交互的手势识别新技术 ···················· 177

　9.1.1 当前手势识别技术面临的问题 ··················· 177

　9.1.2 未来的研究方向 ··························· 178

9.2 手势识别在人机交互中的新应用 ···················· 180

　9.2.1 智能驾驶 ······························· 180

　9.2.2 智能家居 ······························· 181

　9.2.3 无人机控制 ····························· 182

　9.2.4 机器人控制 ····························· 183

9.3 本章小结 ································· 184

参考文献 ···································· 184

第 1 章　手势识别的基本概念及发展

1.1　手势识别的概念

1.1.1　手势的形成与其在人类社会中的作用

手势是一种无声的、非语言的交流方式，它通过视觉上的人体行为来传递特定的信息。通过双手的动作及其与面部和身体其他部位动作的配合，手势可以表达各种不同的情感。手势既可以独立于人类的语言进行交流（如手语），又可以与语言相结合，两者相辅相成，共同表达相关的交流信息[1]。

手势作为独立于语言而存在的一种交流方式，从人类诞生之时就已经被广泛使用，甚至黑猩猩等高级灵长类动物也可以通过体势进行交流[2]。在最初阶段，手势可能只能表达极为有限的内容。而随着人类的不断进化，手势的表达能力也随之不断发展，逐渐形成了包含更为复杂句法的表示方法。部分研究[2]甚至提出了语言起源于手势、手形等体态语言的假说。

在近现代人类社会中，独立的手势交流多存在于听障人士之间。手语通过系统化和习俗化的手、面部、身体的动作进行语言表达，产生了严谨的语义，形成了完整的言语过程，其发生过程具有和口语类似的神经基础。《聋人手语概论》中认为[3]："聋人的手势语是聋人的一种语言交际工具，它是为所有聋人服务的，它同人的生产活动直接联系，是人们在长期社会实践中形成、发展起来的；聋人的手势语与他们的思维直接联系，有它的基本词和某些特殊的语法规则。"对于自然语言而言，其主要由词汇和语法构成。而手语由不同的手部动作及这些动作的组合代替了和动向代替了自然语言的这些组成。有些手语研究者甚至以手语的基本手形动作作为"语素"进行编码，并通过加注箭头表示手势的变化方向，由此得到了手语动作的书面表达方式，并将其用于手语教学。显而易见，这种方法类似于活字印刷术，可以方便地、可重复地利用基本手语动作组合出词汇甚至完整的句子，从而避免了对每一句话的内容都要进行拍照或绘图记录的复杂过程。然而，随着各种手语的不断发展，如今已经有数百种手语在听障人士当中被使用。由于各国的手语暂时还没有发展出一套通用的表达方法，因此尽管这种思路在技术上是可行的，但离真正实用尚有一定距离。除此之外，手势还常常用于一些特殊的、不能发声的场合，如军事、潜水和交通指挥等场合。这些特殊场合下所使用的手语相对而言更为简洁，灵活性也更强。

另一方面，在日常生活当中，手势作为口语语言的一种辅助，常常伴随语音一起出现，它们共同形成一个整体的交流信息[4]。如图 1.1 所示，手势表达普遍存在于各种场景的语言交流当中。人们通常通过手部的动作增强或补充语言的含义，如上课时教师一般会通过手部的动作来强调其讲述内容的重点等。Graziano和 Gullberg[5] 曾针对手势与语言的关系进行了实验。他们招募了母语成人被试者和第二语言成人被试者等不同被试者参与实验，在实验中首先让被试者聆听配有图片的故事，随后让他们将故事内容向同伴进行转述。实验结果表明，在母语成人被试组中，手势的连续性与语言的连贯性有较强的联系，语言不流畅时，手势

图 1.1　手势在不同场合的应用①

① 交警手势图像来自 Police Gesture Dataset，详见 https://github. com/zc402/ChineseTrafficPolice-Pose。

停顿更多,且大多不是完整的表达;但对于第二语言成人被试组,在语言表述出现困难时,手势表达出现的频率显著提升。归纳而言,在正常的人与人交流中,手势对语言表达的影响体现在联合性和互补性两个方面。一方面从交流相关性上来看,手势是语言交流的辅助手段,两者在表达特征方面是相似的,手势可以伴随语言发生,有助于降低语言信息的模糊性。Novack 等人的研究[6]表明,手势沟通过程在一定程度上可以降低对语言理解的认知负荷。而另一方面,手势又可以作为语言的一种补充,相较于语言交流对词汇和语法的依赖,手势交流更多借助了视觉和模仿性想象,其表意方式更为直观,而且是全方位的,能够将语言所未能或无法表达出的含义展现出来,有助于增进听者对交流意图的理解。

除了用于日常交流,手势在艺术与文化领域更被赋予了独特的含义。在舞蹈和戏剧当中,手势也常常用于表现演员的情感变化。在最负盛名的傣族民间舞——孔雀舞中,舞者可通过手指、腕以及手臂动作的运用来模拟孔雀姿态,展现孔雀的稳重、温顺。而在京剧艺术中,演员常使用各种优美手势,并结合表情、身段,展现出很强的美感。京剧艺术家徐兰沅曾评价说:"中国戏剧,臂之一屈一伸,手之一动一指,各有若干作用,可以代表一部分艺术之精神。比较言之,皆为外国戏剧所无法企及。"而戏剧中的手势,又有许多源于宗教。例如佛教中的手印就非常丰富,在《密教印图集》当中就收录有 387 种不同的手印图形,其中很多与旦角的手形表示有相似之处。因此俞丽伟认为,旦角的很多手势很可能模仿或提炼自佛教的手印动作[7]。

可以看出,从人类诞生开始,手势作为人类的一种交流方式就已经形成。作为语言的补充,手势体现着人们的意识,为人们的交流带来便利。同时,在发展过程中,手势作为听障人士之间的一种交流方式,已形成了一种独立的语言,逐渐产生了相应的词汇和语法结构,并同有声的语言一样,分化产生了地域的差异。此外,手势也融入了人类的文化艺术发展当中,在舞蹈、戏剧及宗教等领域都起到了重要的作用。

1.1.2　手势与人机交互

自 20 世纪末以来,随着信息技术的高速发展,计算机在人们生产、生活中的应用占比不断提高,人与计算机的交互也就成为一个需要研究的课题。

人机交互(Human-Computer Interaction，HCI)是指人类与计算机之间采用某种方式进行信息传递和交流的过程，它涉及计算机科学、行为科学、设计及媒体研究等诸多学科领域。人机交互这一术语由 Card 等人提出，并通过其开创性的著作 *The Psychology of Human-Computer Interaction*[8] 广为流传。人机交互技术对人类的生产、生活产生了广泛而深刻的影响，因此受到了各国的重视[9]。

人机交互的发展可以分为五个阶段，每个阶段都有一种具有代表性的交互方式，即纸带打孔、键盘输入、键盘/鼠标配合输入、触屏控制和非接触式人机交互。最早期的计算机需要使用穿孔卡片以及纸带进行输入控制，这种交互方式非常不便，读入一小段数据可能需要十几米长的纸带。程序设计语言的出现为人机交互提供了极大的便利，然而这种方式要求使用者必须受过非常专业的训练才能完成输入。随后，图形用户界面(Graphic User Interface，GUI)的出现让计算机走入了大众的生活，更多的普通人可以通过键盘和鼠标便捷地操控电脑。随着微型电子产品的普及，触控交互技术丰富了交互场景，即点即用的人机交互方式走入了生活，银行、机场等很多场合的智能终端都可以通过触摸来完成交互。近些年，随着虚拟现实(Virtual Reality，VR)技术的发展，人机交互的方式有了翻天覆地的变化，人们更期待能够摆脱设备、距离的束缚，直接通过视、听觉等不同方式全方位地进行人机交互。因此，如何让机器对人体本身的行为动作直接产生响应并返回相应的结果，对未来人机交互的发展至关重要。

因为能够利用人类的感知能力以及行为习惯，所以手势输入已成为实现自然、直接的人机交互中不可缺少的关键技术。通过手势进行输入，使得人与计算机之间的交互不再需要其他的媒介，人们可以利用一些预先定义的、适当的手势来实现对机器的控制，从而降低交互的复杂程度，有效提升人们的交互体验。

不同领域对于手势的定义不同。在用户体验设计领域，广为接受的手势的定义为：手势是身体的运动，它包含一些信息。例如，挥手道别是一种手势，但敲击键盘则不是。这是因为挥手这一动作被赋予了"再见"的内涵，它本身是可用于交互的；而手指敲击键盘按键的动作则没有什么意义，它只表达了按键被按下这一动作而已。

手势识别在各类人机交互的环境中，均有着广泛的应用。例如在智能驾驶方面[10-11]，可通过手势直接控制车内设备，提升控制效率，降低驾驶的安全风险；在家庭娱乐方面[12]，有大量基于手势识别的电子游戏应用，其市场份额正在逐渐扩大；在社会公益方面[13-14]，手语识别可以帮助听障人士与普通人交流，促进听障人士更好地融入社会。此外，手势识别技术在航空、教育、智能家居等众多领域都有着重要的应用[15-20]。因此，研究性能更高、更具鲁棒性的手势识别算法，提升人机交互技术的实用性，有着重要的现实意义和广阔的应用前景。

目前，面向人机交互的手势识别方法可大致分为两大类：基于可穿戴设备的手势识别方法[21-25]和基于计算机视觉的手势识别方法[26-30]。前者主要通过数据手套等特殊的可穿戴设备获取具体的手指弯曲度信息及手部、手臂的空间位置信息；后者则主要基于计算机视觉的相关算法，通过拍摄用户的手势变化视频进行估计、分析和建模，实现手势的识别。这两种方式各有优劣。基于可穿戴设备的手势识别方法能够更为准确地获得手部变化的数据，如手指、手腕关节的弯曲程度等，从而得到更高的识别正确率，然而该方法需要用户佩戴特殊设备，一方面成本较为高昂，另一方面也不便于日常使用。而基于计算机视觉的方法只需要通过摄像头对用户的手势动作进行采集，无须用户佩戴任何其他设备，因此具有更大的便捷性。随着硬件设备计算能力的提升和研究者提出的识别算法性能的优化，基于计算机视觉的手势识别方法在保持简便易行优势的同时，也在一定程度上提升了识别的正确率，因此相比基于可穿戴设备的手势识别方法，基于计算机视觉的手势识别方法会更有优势。

1.2　手势识别算法的发展情况

由于手势识别技术有着重要的现实意义，因此无论是学术界还是工业界均对其给予了极大的重视。如前所述，面向人机交互的手势识别方法主要分为基于可穿戴设备和基于计算机视觉两大类。由于本书主要研究基于计算机视觉的手势识别方法，因此下面将重点对该方向的研究成果进行介绍。如图 1.2 所示，目前基于计算机视觉的手势识别方法主要可分为以下四类：基于手工特征的方法、基于概率图模型的方法、基于视觉词袋的方法和基于神经网络的方法。下面分别介绍每一类方法的具体成果。

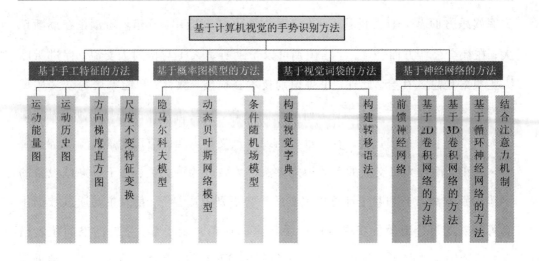

图 1.2   当前手势识别方法研究情况

1.2.1   基于手工特征的方法

早期的手势识别方法大多通过提取视频的一些手工特征，配合支持向量机
(Support Vector Machine，SVM)实现手势的分类。这些手工特征多由具有足够
领域知识的研究者设计完成。常用的手工特征包括运动能量图(Motion Energy
Image，MEI)、运动历史图(Motion History Image，MHI)、方向梯度直方图
(Histogram of Oriented Gradient，HOG)以及尺度不变特征变换(Scale Invariant
Feature Transform，SIFT)等。

MEI 是 Bobick 和 Davis[26] 提出的二值能量图，它显示了物体运动的轨迹和
能量的空间分布，并通过描述物体移动的过程及在整个空间中运动发生的位置来
实现对运动物体的识别。随后，他们又提出了 MHI。MHI 是一种静态图像，其通
过对一段时间内在同一个位置上像素的变化情况进行累积，形成运动历史的静态
模板，以帮助描述运动发生的位置，并将物体运动情况以图像灰度变化的形式表
现出来。相比 MEI，MHI 可以刻画动作与时间的关系，其中每个像素的亮度值表
示了物体在该位置上最近时刻的变化情况。对于视频中的某个区域而言,若距离
当前帧较近的时刻存在运动，则在 MHI 中对应位置上的像素亮度值较高，反之
则亮度较低。因此，MHI 在动作识别领域得到了广泛的应用。MEI 和 MHI 将手
势视频中时间维度上的变化压缩到一幅二维图像上，可以直接学习手势的动态变
化过程，然而，参数的设置直接影响其能否完整表现动作的变化，因此这两种特

征并不适用于描述变化情况较为复杂的动作。

HOG 是一种较为常见的描述图像局部纹理的特征。该特征通过计算图像局部的不同方向上的梯度值，并将其累积以实现对动作的描述。由于在图像的边缘处梯度值较高，因此 HOG 可以反映物体的边角特征。有研究者将其与光流结合，提出了一种光流直方图（Histogram of Optical Flow，HOF)[27]。HOF 首先通过光流来描述动作的变化情况，再通过统计其梯度变化，进一步刻画手势的变化情况。另有一些学者则直接考虑将 HOG 拓展至三维空间，通过 3D HOG 特征来描述动作[31-32]。

SIFT 通过角点、边缘点等关键点描述特征，这些关键点不会因光照、噪声以及缩放等仿射变换而发生改变，是一种较具鲁棒（robust）性的特征，因此常被用于手势动作识别领域。基于该特征，Wan 等人[33]提出了一种 3D EMoSIFT 特征，该特征是一种金字塔特征，可以从不同尺度检测人体的动态变化的关键点，同时对背景环境中的轻微运动具有鲁棒性。

1.2.2　基于概率图模型的方法

手势视频的相邻帧之间存在一定的关联，因此将它们视作独立个体用于手势分类是不合适的。有学者将这些帧作为不同的变量，尝试通过概率图模型（Probabilistic Graphical Model，PGM)来描述它们之间的依赖关系。其中使用较为广泛的是隐马尔科夫模型（Hidden Markov Model，HMM)，以及在此基础上进行了进一步改进的动态贝叶斯网络（Dynamic Bayesian Network，DBN)模型和条件随机场（Conditional Random Field，CRF)模型。

Starner 和 Pentl[34]首先利用 HMM 进行美国手语的相关研究；Elmezain[35]等将 HMM 用于动态手势的动作轨迹识别；Sgouropoulos 等人[36]将神经网络方法和 HMM 方法相结合，减轻了光照对动作识别的干扰，提升了识别的性能。

DBN 模型是一种更为通用的概率模型，它可以同时用于手势的识别和定位。Du 等人[37]分别通过全局和局部特征描述物体在空间中的位置和与运动相关的细节信息，并在 DBN 模型中将这两种特征加以整合，用于手势和行为的识别。Xiao 等人[38]首先分别提取 RGB 和深度数据的特征，并利用 DBN 模型将这两种特征加以融合。Chang 等人[39]则提出了一种条件 DBN(Conditional Dynamic Bayesian

Network，CDBN)模型，用来预测人体姿态(human pose)的变化。

相比 HMM 只能处理相邻帧之间的关系，CRF 模型能够处理更长时间的变化，因而其适用范围更广。Wang 等人[40]在 CRF 模型的基础上增加了隐状态，称之为隐条件随机场模型，并用其识别手势。Yulita 等人[41]利用隐动态条件随机场(Latent Dynamic CRF)模型获取隐藏层内部的数据结构，从而学习时域上更深层次的关系，以进行准确的手势识别。

1.2.3 基于视觉词袋的方法

词袋(Bag of Words，BoW)模型是信息检索领域常用的一种方法。对于一个文本，词袋模型并不关注其中的语法关系，而是仅将其看作词的集合，并通过构造字典(即所有词的集合)来进行处理。视觉词袋(Bag of Visual Words，BoVW)模型是词袋模型从自然语言处理向计算机视觉领域的一种迁移。BoVW 模型将上述 HOG、SIFT 等手工特征视为基本单词，通过选取图像库中的部分图像构成视觉字典，并通过构造图像的直方图来进行形式化描述。BoVW 模型的优点是模块化，即视觉词袋模型中包含了多个子模块，每个子模块可以用不同的方法处理。在改变其中一个子模块的同时，可以保持其他模块不变，便于检查新方法的有效性。

在通过视觉词袋模型进行手势识别时，一方面需要根据提取的特征构建相应的字典，以涵盖不同的手势类别，另一方面则需要构建相关语法，即手势动作的变化顺序，以学习手势动作的变化情况。Shen 等人[42]从光流场中提取最大稳定极值区域特征，随后对该特征进行层级 k-means 聚类，生成所需的视觉字典，最后利用词频逆向文件频率(Term Frequency- Inverse Document Frequency，TF-IDF)加权机制将测试手势和数据库中的数据进行匹配以实现训练。Dardas 和 Georganas[43]提出了利用视觉词袋模型实现实时手势识别的方法。该方法首先通过肤色分割获取手部区域，随后构建了手势命令语法，即相应的状态转移序列，以描述手势的变化情况，完成对动态手势序列的学习。

1.2.4 基于神经网络的方法

早期研究者多通过浅层的人工神经网络(Artificial Neural Network，ANN)

实现手势识别。Yang 等人[44]通过时间延迟神经网络(Time-Delay Neural Network，TDNN)学习手部的运动轨迹，从而实现动态手势的识别。随着 AlexNet[45]在 2012 年的 ImageNet 大规模视觉识别竞赛中获得冠军，其识别正确率远超第二名(基于手工特征的传统方法)近十一个百分点，深度卷积神经网络(Convolutional Neural Network，CNN)在处理计算机视觉任务方面的能力逐渐受到了研究者的重视。在手势识别或行为识别领域，研究者也提出了大量基于 CNN 的方法，这些方法在很大程度上提升了识别的正确率。

Nagi 等人[46]通过一个具有最大池化层的卷积神经网络实现面向人与机器人交互中的实时手势识别。Karpathy 等人[47]通过一组双流 CNN 网络分别获取视频的前景与背景信息，并将不同分辨率的信息加以融合以完成对动作的识别。此外，他们还提出了一个大型的数据集"Sports-1M"，用于行为或手势的识别。Simonyan和 Zisserman[48]提出了一个双流网络以分别提取视频的时域和空域信息。Wang 等人[49]在此基础上做了改进，提出一种时域分割网络(Temporal Segment Network，TSN)，实现了视频级的识别。Wang 等人[50]则将 rank pooling 和 CNN 相结合以提取手势视频的序列特征。

由于动态手势识别需要对时域和空域的信息进行处理，因此有研究者另辟蹊径，不再将时域和空域分开考虑，而是直接提出一种三维的卷积方法，同时提取时、空域特征。这种卷积方法也取得了很好的效果。其中较为著名的就是 Tran 等人提出的 C3D 模型[51]。此后，还有许多研究者提出了许多变种模型。Carreira 和 Zisserman[52]结合双流网络和Inception单元结构提出了 I3D 模型；Qiu 等人[53]提出了一种 Pseudo-3D 模型，将三维卷积化为空域和时域的二维卷积组合，以此降低算法的时间复杂度。Tran 等人[54]还通过考虑三维卷积网络通道间的关系，实现了三维深度可分离卷积，在提升识别正确率的同时降低了算法时间复杂度。Wang 等人[55]在三维卷积网络上加入 non-local 机制，扩大感受野，学习到了更大范围的信息变化。Feichtenhofer 等人[56]发现视频场景中的每一帧通常包含两类不同的区域——没有变化或变化非常细微的区域(如背景区域)和变化较为剧烈的动态区域(如被观测的运动目标)，因此设计了慢速(slow)和快速(fast)两个通道，分别学习整体的场景信息和变化的动态信息。此外，Li 等人也基于 C3D 网络，结合 RGB-D 数据的互补关系[57]，以及显著性数据对人体区域的突出(high light，也译作高亮)[58]、光流数据对动态区域的突出[59]等内容，提出了一些手势识别算法，也取得了不错的效果。

由于视频本身属于一种序列数据，因此循环神经网络(Recurrent Neural Network，RNN)及其变种也同样被用于手势识别当中。Donahue等人[60]先利用传统CNN提取每一帧的特征，再通过长短期记忆网络(Long Short-Term Memory，LSTM)来学习时序信息。Molchanov等人[28]将C3D与RNN相结合来实现基于视频的手势检测和识别。Pigou等人[61]用LSTM来实现连续手势的识别。Zhang等人[62]则用双向LSTM来提取手势视频的特征。

近年来，注意力机制在计算机视觉当中也有着广泛的应用。通过注意力机制可突出手部的变化情况，因此也有一些研究者通过构建基于注意力机制的网络来进行手势识别。Narayana等人[63]提出了FOANet，在提取视频整体特征的同时，还提取了手部的特征，取得了非常好的结果。Du等人[64]根据人体姿态生成了基于注意力机制的热力图，并利用其辅助网络学习人体头部、肩部、手部、躯干、腿部以及足部等各个部分的动作。Yan等人[65]提出了一种针对人体姿态的时域卷积方法，以辅助实现人体行为的识别。

1.3 当前手势识别领域面临的挑战

目前，研究者对于手势识别这一领域进行了大量研究，也从各种不同角度提出了很多识别方法。然而需要注意的是，手势识别，特别是在开放场景下进行手势识别仍面临着许多挑战，具体可概括为以下三点：

第一，不同演示者对同一手势的表演效果存在较大差异。在开放场景中，手势的演示者是不确定的。由于不同演示者对于手势动作的理解本身存在差异，且其动作的快慢、幅度以及规范程度各有不同，因此不同演示者所表演出的手势也存在差异。这种差异就像同一种语言的不同地方方言一样，为正确的手势识别带来了挑战。

第二，真实场景下的环境存在变化。目前大部分算法都主要针对标准数据集进行手势识别。然而在一般的数据集中，训练集和测试集往往在环境、光照等方面具有一定的相似性，而在开放的人机交互场景中，光照、摄像头角度、表演者的服饰和肤色等变量往往难以估计，也有可能影响识别的结果。因此，仍需要进一步研究如何提升算法的泛化能力，以保证其可以适用于真正的人机交互场景。

第三，动态的手势变化难以分析。目前的手势识别系统多以对静态的姿态识别为主，这种识别只需要获取单一图像中手、肘及手臂的姿态即可。然而为了实现更为丰富的交互，同时更符合真实环境下人们进行手势表演的状态，就需要对一连串的手势动作序列进行识别。这一过程需要对连续的动态识别特征进行提取，无疑增添了识别的难度。因此，将手势识别应用于真实复杂环境下的人机交互还有很长的一段路要走。

1.4　本 章 小 结

本章主要探讨了手势识别的概念及内涵。首先分析了手势在人们的日常交流及生活中的作用，在此基础上，结合人机交互的发展历程，探讨了手势识别作为人机交互的一种方式的发展前景；随后分析了当前研究者通过不同方式进行手势识别的方法；最后讨论了在开放环境下手势识别领域存在的问题与面临的挑战。

参 考 文 献

[1]　张恒超. 交流手势的认知特征[J]. 心理科学进展，2018，26(5)：796-809.

[2]　POLLICK A S, DE Waal F B M. Ape gestures and language evolution[J]. Proceedings of National Academy of Sciences，2007，104(19)：8184-8189.

[3]　傅逸亭. 聋人手语概论[M]. 北京：学林出版社，1986.

[4]　KELLY S D, ÖZYÜREK A, Maris E. Two sides of the same coin：speech and gesture mutually interact to enhance comprehension[J]. Psychological Science，2010，21(2)：260-267.

[5]　GRAZIANO M, GULLBERG M. Gesture production and speech fluency in competent speakers and language learners[C]//Proceedings of Tilburg Gesture Research Meeting 2013. Tilburg University，2013：1-4.

[6]　NOVACK M A, CONGDON E L, HEMANI-LOPEZ N, et al. From action

to abstraction: using the hands to learn math[J]. Psychological Science, 2014, 25(4): 903-910.

[7] 俞丽伟. 师承渊薮与佛教手印: 梅兰芳戏曲手势的两大源流[J]. 上海戏剧, 2017 (12): 56-60.

[8] CARD S K, MORAN T P, NEWELL A. The psychology of human-computer interaction[M]. Boca Raton: CRC Press, 1983.

[9] 孟祥旭. 人机交互基础教程[M]. 2版. 北京: 清华大学出版社, 2010.

[10] MOLCHANOV P, GUPTA S, KIM K, et al. Multi-sensor system for driver's hand-gesture recognition [C]//Proceedings of International Conference and Workshops on Automatic Face and Gesture Recognition (FG). IEEE, 2015, 1: 1-8.

[11] MANAWADU U E, KAMEZAKI M, ISHIKAWA M, et al. A hand gesture based driver-vehicle interface to control lateral and longitudinal motions of an autonomous vehicle[C]//Proceedings of IEEE International Conference on Systems, Man, and Cybernetics. IEEE, 2016: 001785-001790.

[12] YUAN Xujun, DAI Shan, FANG Yeyang. A natural immersive closed-loop interaction method for human - robot "Rock - Paper - Scissors" game [C]// Proceedings of Recent Trends in Intelligent Computing, Communication and Devices. Springer, Singapore, 2020: 103-111.

[13] LICHTENAUER J F, HENDRIKS E A, REINDERS M J T. Sign language recognition by combining statistical DTW and independent classification[J]. IEEE Transactions on Pattern Analysis and Machine Intelligence, 2008, 30(11): 2040-2046.

[14] COOPER H M, ONG E J, PUGEAULT N, et al. Sign language recognition using sub-units[J]. Journal of Machine Learning Research, 2012, 13: 2205-2231.

[15] YANG D, LIM J K, CHOI Y. Early childhood education by hand gesture recognition using a smartphone based robot [C]//Proceedings of IEEE

International Symposium on Robot and Human Interactive Communication. IEEE, 2014: 987-992.

[16] TRONG K N, BUI H, PHAM C. Recognizing hand gestures for controlling home appliances with mobile sensors [C]//Proceedings of International Conference on Knowledge and Systems Engineering. IEEE, 2019: 1-7.

[17] FAWAZ H I, FORESTIER G, WEBER J, et al. Automatic alignment of surgical videos using kinematic data [C]//Proceedings of Conference on Artificial Intelligence in Medicine in Europe. Springer, Cham, 2019: 104-113.

[18] LU Xinzhong, SHEN Ju, PERUGINI S, et al. An immersive telepresence system using RGB-D sensors and head mounted display[C]//Proceedings of IEEE International Symposium on Multimedia. IEEE, 2015: 453-458.

[19] CHENG Kang, YE Ning, MALEKIAN R, et al. In-air gesture interaction: real time hand posture recognition using passive RFID tags [J]. IEEE Access, 2019, 7: 94460-94472.

[20] LI Xuan, GUAN Daisong, ZHANG Jingya, et al. Exploration of ideal interaction scheme on smart TV: Based on user experience research of far-field speech and mid-air gesture interaction [C]// Proceedings of International Conference on Human-Computer Interaction. Springer, Cham, 2019: 144-162.

[21] FELS S S, HINTON G E. Glove-talk: a neural network interface between a data-glove and a speech synthesizer[J]. IEEE transactions on Neural Networks, 1993, 4(1): 2-8.

[22] STURMAN D J, ZELTZER D. A survey of glove-based input[J]. IEEE Computer graphics and Applications, 1994, 14(1): 30-39.

[23] QUAM D L. Gesture recognition with a dataglove[C]//Proceedings of IEEE Conference on Aerospace and Electronics. IEEE, 1990: 755-760.

[24] LU Zhiyuan, CHEN Xiang, LI Qiang, et al. A hand gesture recognition

framework and wearable gesture-based interaction prototype for mobile devices[J]. IEEE transactions on human-machine systems，2014，44（2）：293-299.

[25] ZHANG Yang，HARRISON C. Tomo：wearable，low-cost electrical impedance tomography for hand gesture recognition[C]//Proceedings of Annual ACM Symposium on User Interface Software & Technology. 2015：167-173.

[26] BOBICK A F，DAVIS J W. The recognition of human movement using temporal templates [J]. IEEE Transactions on Pattern Analysis and Machine Intelligence，2001，23(3)：257-267.

[27] KONEČNÝ J，HAGARA M. One-shot-learning gesture recognition using hog-hof features[J]. The Journal of Machine Learning Research，2014，15 (1)：2513-2532.

[28] MOLCHANOV P，YANG Xiaodong，GUPTA S，et al. Online detection and classification of dynamic hand gestures with recurrent 3d convolutional neural network[C]//Proceedings of IEEE Conference on Computer Vision and Pattern Recognition. 2016：4207-4215.

[29] DONAHUE J，ANNE Hendricks L，Guadarrama S，et al. Long-term recurrent convolutional networks for visual recognition and description [C]//Proceedings of IEEE Conference on Computer Vision and Pattern Recognition. 2015：2625-2634.

[30] MIAO Qiguang，LI Yunan，OUYANG Wanli，et al. Multimodal gesture recognition based on the resc3d network [C]//Proceedings of IEEE International Conference on Computer Vision Workshops. 2017：3047-3055.

[31] KLASER A，MARSZALEK M，SCHMID C. A spatio-temporal descriptor based on 3d-gradients [C]// Proceedings of British Machine Vision Conference. 2008：1-10.

[32] SANIN A，SANDERSON C，HARANDI M T，et al. Spatio-temporal

covariance descriptors for action and gesture recognition[C]//Proceedings of IEEE Workshop on Applications of Computer Vision. IEEE，2013：103-110.

[33] WAN Jun, RUAN Qiuqi, LI Wei, et al. 3D SMoSIFT：three-dimensional sparse motion scale invariant feature transform for activity recognition from RGB-D videos [J]. Journal of Electronic Imaging，2014，23 (2)：023017.

[34] STARNER T, PENTL A. Real-time American Sign Language recognition from video using hidden Markov models [C]//Proceedings of International Symposium on Computer Vision. 1995：265-270.

[35] ELMEZAIN M, A1-HAMADI A, MICHAELIS B. Hand trajectory-based gesture spotting and recognition using HMM[C]// Proceedings of IEEE International Conference on Image Processin, Cairo, 2009：3577-3580.

[36] SGOUROPOULOS K, STERGIOPOULOU E, Papamarkos N. A dynamic gesture and posture recognition system[J]. Journal of Intelligent & Robotic Systems，2013：1-14.

[37] DU Youtian, CHEN Feng, XU Wenli, et al. Recognizing interaction activities using dynamic bayesian network[C]//Proceedings of International Conference on Pattern Recognition. IEEE，2006，1：618-621.

[38] XIAO Qinkun, ZHAO Yidan, HUAN Wang. Multi-sensor data fusion for sign language recognition based on dynamic Bayesian network and convolutional neural network[J]. Multimedia Tools and Applications，2019，78(11)：15335-15352.

[39] CHANG Ming-Ching, KE Lipeng, QI Honggang, et al. Fast online video pose estimation by dynamic Bayesian modeling of mode transitions[J]. IEEE transactions on cybernetics，2019，51(1)：2-15.

[40] WANG S B, QUATTONI A, MORENCY L P, et al. Hidden conditional random fields for gesture recognition[C]//Proceedings of IEEE Conference on Computer Vision and Pattern Recognition. IEEE，2006，2：1521-1527.

[41] YULITA I N, FANANY M I, ARYMURTHY A M. Gesture recognition using latent-dynamic based conditional random fields and scalar features [J]. Journal of Physics: Conference Series. IOP Publishing, 2017, 812 (1): 012113.

[42] SHEN Xiaohui, HUA Gang, WILLIAMS L, et al. Dynamic hand gesture recognition: an exemplar-based approach from motion divergence fields [J]. Image and Vision Computing, 2012, 30(3): 227-235.

[43] DARDAS N H, GEORGANAS N D. Real-time hand gesture detection and recognition using bag-of-features and support vector machine techniques [J]. IEEE Transactions on Instrumentation and measurement, 2011, 60 (11): 3592-3607.

[44] YANG M H, AHUJA N, TABB M. Extraction of 2d motion trajectories and its application to hand gesture recognition[J]. IEEE Transactions on Pattern Analysis and Machine Intelligence, 2002, 24(8): 1061-1074.

[45] KRIZHEVSKY A, SUTSKEVER I, HINTON G E. Imagenet classification with deep convolutional neural networks[C]//Proceedings on Advances in Neural Information Processing Systems. 2012: 1097-1105.

[46] NAGI J, DUCATELLE F, DI CARO G A, et al. Max-pooling convolutional neural networks for vision: based hand gesture recognition [C]//Proceedings of IEEE International Conference on Signal and Image Processing Applications. IEEE, 2011: 342-347.

[47] KARPATHY A, TODERICI G, SHETTY S, et al. Large-scale video classification with convolutional neural networks [C]//Proceedings of IEEE Conference on Computer Vision and Pattern Recognition. 2014: 1725-1732.

[48] SIMONYAN K, ZISSERMAN A. Two-stream convolutional networks for action recognition[C]// Proceedings on Advances in Neural Information Processing Systems. 2015: 1-11.

[49] WANG Limin, XIONG Yuanjun, WANG Zhe, et al. Temporal segment

networks: towards good practices for deep action recognition[C]// Proceedings of European Conference on Computer Vision. Springer, Cham, 2016: 20-36.

[50] WANG Pichao, LI Wanqing, Liu Song, et al. Large-scale continuous gesture recognition using convolutional neural networks[C]//Proceedings of International Conference on Pattern Recognition (ICPR). IEEE, 2016: 13-18.

[51] TRAN D, BOURDEV L, FERGUS R, et al. Learning spatiotemporal features with 3D convolutional networks[C]//Proceedings of IEEE International Conference on Computer Vision. 2015: 4489-4497.

[52] CARREIRA J, ZISSERMAN A. Quo vadis, action recognition? a new model and the kinetics dataset[C]//Proceedings of IEEE Conference on Computer Vision and Pattern Recognition. 2017: 6299-6308.

[53] QIU Zhaofan, YAO Ting, MEI Tao. Learning spatio-temporal representation with pseudo-3D residual networks[C]// Proceedings of IEEE International Conference on Computer Vision. 2017: 5533-5541.

[54] TRAN D, WANG Heng, TORRESANI L, et al. Video classification with channel-separated convolutional networks[C]//Proceedings of IEEE International Conference on Computer Vision. 2019: 5552-5561.

[55] WANG Xiaolong, GIRSHICK R, GUPTA A, et al. Non-local neural networks[C]//Proceedings of IEEE Conference on Computer Vision and Pattern Recognition. 2018: 7794-7803.

[56] FEICHTENHOFER C, FAN Haoqi, MALIK J, et al. Slowfast networks for video recognition[C]// Proceedings of IEEE International Conference on Computer Vision. 2019: 6202-6211.

[57] LI Yunan, MIAO Qiguang, TIAN Kuan, et al. Large-scale gesture recognition with a fusion of RGB-D data based on the C3D model[C]// Proceedings of International Conference on Pattern Recognition. IEEE, 2016: 25-30.

[58] LI Yunan, MIAO Qiguang, TIAN Kuan, et al. Large-scale gesture

recognition with a fusion of RGB-D data based on saliency theory and C3D model [J]. IEEE Transactions on Circuits and Systems for Video Technology, 2018, 28(10): 2956-2964.

[59] LI Yunan, MIAO Qiguang, TIAN Kuan, et al. Large-scale gesture recognition with a fusion of RGB-D data based on optical flow and the C3D model[J]. Pattern Recognition Letters, 2019, 119: 187-194.

[60] DONAHUE J, ANNE Hendricks L, GUADARRAMA S, et al. Long-term recurrent convolutional networks for visual recognition and description[C]//Proceedings of IEEE Conference on Computer Vision and Pattern Recognition. 2015: 2625-2634.

[61] PIGOU L, VAN Herreweghe M, DAMBRE J. Gesture and sign language recognition with temporal residual networks[C]//Proceedings of IEEE International Conference on Computer Vision Workshops. 2017: 3086-3093.

[62] ZHANG Liang, ZHU Guangming, SHEN Peiyi, et al. Learning spatiotemporal features using 3D CNN and convolutional LSTM for gesture recognition[C]//Proceedings of IEEE International Conference on Computer Vision Workshops. 2017: 3120-3128.

[63] NARAYANA P, BEVERIDGE R, DRAPER B A. Gesture recognition: focus on the hands[C]//Proceedings of IEEE Conference on Computer Vision and Pattern Recognition. 2018: 5235-5244.

[64] DU Wenbin, WANG Yali, QIAO Yu. Rpan: an end-to-end recurrent pose-attention network for action recognition in videos[C]//Proceedings of IEEE International Conference on Computer Vision. 2017: 3725-3734.

[65] YAN An, WANG Yali, LI Zhifeng, et al. PA3D: pose-action 3D machine for video recognition[C]//Proceedings of IEEE Conference on Computer Vision and Pattern Recognition. 2019: 7922-7931.

第 2 章　手势识别领域的常用数据集

在第 1 章中，我们对手势识别在未来人机交互发展中的重要地位进行了阐述，并对手势识别方法的发展历程进行了回顾，可以发现，越来越多精度高、鲁棒性好的算法已经在手势识别领域大放异彩。为了对这些方法的性能进行公平的比较与评价，就需要建立一个统一的数据集，保证对各种算法在相同的条件下进行测试，以排除无关因素对结果的影响。基于这个目的，研究者目前已建立了大量公开数据集以进行手势识别算法的训练、测试以及性能比较。这些数据集的出现为推动领域发展起到了巨大的作用。使用公开可用的数据集有两个主要优点：一方面，不需要为获取数据额外付费，从而降低了使用数据的成本；另一方面，使用相同的数据集可以方便公平地比较不同方法的性能，避免了无关因素的干扰。

从数据类型上看，手势识别数据可以分为静态手势数据和动态手势数据。如图 2.1 所示，静态手势数据主要关注一些定格的手势姿态，不需要考虑表演者在完成这一手势过程中的其他动作。相比之下，动态手势则需关注整个动作流程，需要通过手掌、手腕以及手臂的综合变化才可以反映出一个语义信息。因此这类手势的载体一般是连续的视频序列。

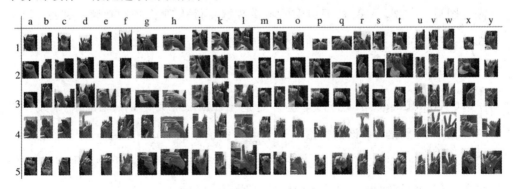

图 2.1　美国手语拼写数据集① RGB 图像示例

---

① 详见 https://empslocal. ex. ac. uk/people/staff/np331/index. php? section ＝ FingerSpelling-
　　Dataset。

本章将首先分别从静态手势和动态手势两方面介绍几种常见数据集的信息，具体包括数据集的构建年份、机构及其包含的数据类型、手势种类以及表演者等相关的信息，然后将给出的公开数据集进行总结对比，以便于研究者选择适合的数据集。

2.1　静态手势数据集

上面主要讨论了手势识别公开数据集在手势识别领域发展中的作用，并从数据类型的角度分析了静态和动态数据的差异。本小节将重点介绍几个静态手势数据集，包括美国手语拼写数据集、MU HandImages ASL 手势数据集、LaRED 手势数据集等。

1. 美国手语拼写数据集

美国手语拼写数据集（American Sign Language Finger Spelling Dataset）[1]是在 2011 年由 Pugeault 和 Bowden 使用深度传感器 Kinect 采集的一个公开数据集。该数据集使用手指的动作变化来表示英语的 26 个字母（手指拼写构成了美国手语交流的重要组成部分）。该数据集是由 5 个手势表演者在较为相似的背景条件下表演的 24 个不同的手势构成的。24 个手势分别表示 A～Z 中除 J 和 Z 之外的 24 个英文字母（J 和 Z 由动态手势表示），每个手势样本均有相应的 RGB 图像与深度图像。针对每个表演者，每种手势字母均包含了 500 张左右的 RGB 图像与深度图像。因此，ASL 数据集中的图像数据总量达到了 60 000 幅。图 2.1 给出了 5 个表演者演示每一个字母的手势的 RGB 图像示例。

2. MU HandImages ASL 手势数据集

MU HandImages ASL 手势数据集是由 Massey 大学的 Barczak 等人[2]在 2011 年制作的数据集。该数据集表示了美国手语中的字母和数字，由 5 名表演者拍摄了包括 0～9 的 10 个数字与 A～Z 的 26 个字母总共 36 种手势，共计 2515 幅手语手势图像。该数据集的示例如图 2.2 所示。

该数据集主要有如下特点：① 通过在摄像头的四周使用灯光组合来模拟不同的灯光环境，因此手势数据集包含大量不同光照条件下的图像；② 在拍摄时提供了绿幕背景，并且表演者在手腕上佩带了和背景色一样的手环，以便将手势从原图像中分割并裁剪出来,减少背景等无关因素对手势数据本身的干扰。

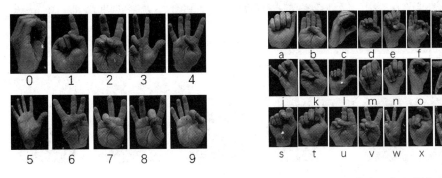

(a) 完整的数字集与样本分割图像　　　　　　(b) 完整的字母集与样本分割图像

图 2.2　MU HandImages ASL 手势数据集[①]示例

3. LaRED 手势数据集

LaRED(Large RGB-D Extensible Hand Gesture Dataset)数据集是 2014 年由 Hsiao 等人公开的大型可扩展手势识别数据集[3]。该数据集使用英特尔的短距离深度相机进行采集,数据集中的大多数手势取自美国手语。

LaRED 手势数据集使用 27 个手势(记为 G001～G027)作为基础手势。对于每一个基础手势,取三种不同的朝向,分别为基本手势、基本手势绕 x 轴旋转 90°、基本手势绕 x 轴和 y 轴分别旋转 90°,记为 O001～O003。由于从一个基础手势可衍生出三个不同朝向的手势,由于数据集中含 27 个基础手势,它们中的每一个都被视为一类手势,因此数据集总共包含 81 类手势。

每个类别都由 10 个表演者(男性与女性各 5 名)表演相应的手势,10 名表演者的编号为 M001～M005(男性)与 F001～F005(女性)。对每类手势,对每个表演者都采集了 300 个样本,每个样本包含 RGB 图像与深度图像。同时,该数据集还给出二值化的掩模图像(即通过二值化图像分割出的手部区域的图像数据),三者共计 243 000 张图像。

4. Marcel 手势数据集

Marcel 手势数据集是在 1999 年由 Marcel 提出的一个静态手势数据集[4]。手势集共有 6 种手势(分别表示为 A、B、C、Five、Point 和 V),每种手势的图像大

---

① 详见 http://www.massey.ac.nz/~albarcza/gesture_dataset2012.html。

小不等，但基本都在 70 像素×70 像素至 70 像素×80 像素的范围内，而图像窗口本身的大小约为 20×20。每种手势都包括单色背景与复杂背景两批数据。单色背景图像示例如图 2.3 所示。在文献[4]中，作者混合使用了两种背景的图像用来训练，并在测试集中分别对两种情况进行了测试。

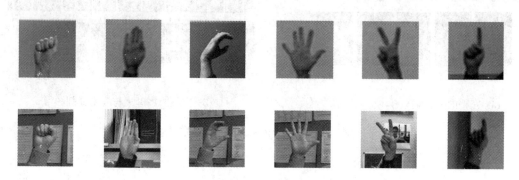

图 2.3　Marcel 手势数据集[①]示例

5. Senz3D 手势数据集

Senz3D 手势数据集是由意大利帕多瓦大学的研究者 Memo 等人于 2015 年使用 Creative Senz3D 设备采集的[5-6]。该数据集包含 11 种手势，由 4 位表演者完成，对于每种手势，每人表演 30 次，获得共计 1320 张图像。如图 2.4 所示，每种手势都包括 RGB 图像、深度图像与置信度图像（Confidence Frames）。该手势集图像采集的视角自然，并且图像的分辨率较高（640×480）。

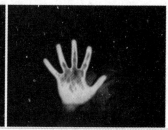

(1) RGB 图像　　　　　(2) 深度图像　　　　　(3) 置信度图像

图 2.4　Senz3D 手势数据集[②]示例

① 详见 https://www. idiap. ch/resource/gestures/。

② 详见 https://lttm. dei. unipd. it/downloads/gesture/。

2.2　动态手势数据集

本小节主要介绍动态手势数据集，其中包括 20BN-Jester 数据集、RWTH PHOENIX Weather 数据集、CSL 系列数据集、CGD 系列数据集、SKIG 数据集及 EgoGesture 数据集等。

1. 20BN-Jester 数据集

20BN-Jester 数据集①是由德国 20BN 公司制作的，是全球规模最大的动态手势识别数据集[7]，具有数量多、背景丰富、样本质量佳等特点。该数据集是由来自全球各地的 148 092 个表演者在网络摄像头前根据手势动作的范例表演而获取的。正如 ImageNet 是图像识别中具有代表性的大规模图像数据集，20BN-Jester 数据集也致力于成为大规模手势数据集的代表。

20BN-Jester 数据集中仅包含手势图像的 RGB 模态信息。该数据集包含了十余万个手势视频样本，其中训练集包含 118 562 个样本，验证集和测试集各包含 14 787 个样本。这些手势分为 27 种不同的类别，其中 26 种手势类别多由左右或者上下对称的手势动作组成，如放大、缩小、滚动等，另有一类不包含任何手势动作，作为对照组。

20BN-Jester 数据集的表演者众多，由于表演者所处的环境差异极大，因此每个手势视频拍摄时的背景、光照和遮挡的差异非常明显。视频数据中的背景各有不同，背景中有沙发、窗户、书柜等不同物体，除此之外光照和拍摄角度也不同，另外执行动态手势的表演者的肤色、服装等也不尽相同。这些差异都为手势识别带来巨大的挑战。

2. RWTH PHOENIX Weather 数据集

RWTH PHOENIX Weather 数据集是由德国亚琛工业大学录制的手语数据集[8-9]，用于德国凤凰公共电视台每日新闻及天气预报节目的手语解说。视频由 9 个不同的表演者表演，共有近七千条与天气预报相关的语句信息。该视频数据集的录制设备为普通的彩色摄像机，手语表演者均着深色上衣站立于灰色渐变背

---

① 详见 https://20bn. com/datasets/jester。

景前。数据集分别于 2012 年、2014 年录制了两个版本，2014 年版本是对 2012 年版本的数据扩充。所有视频样本帧率为每秒 25 帧，分辨率为 210×260，视频中仅包含手语的表演者，不含其他的干扰因素。整个数据集包含了 6841 个语句所对应的手语视频，可划分为训练、验证和测试三个子集，三者分别包含 5672、540 和 629 个视频。RWTH PHOENIX Weather 是目前最为常用的手语视频数据集之一。以德语文本"DANN FREUNDLICH KLAR MONTAG MEHR MEHR WARM AB DIENSTAG JETZT WUENSCHEN SCHOEN ABEND __ OFF __"（大意为 FREUNDLICH 周一的天气比周二更温暖。晚安。（结束））为例，在该数据集中其对应的手语视频示例如图 2.5 所示。

图 2.5 RWTH PHOENIX Weather 数据集①视频示例

3. CSL 系列数据集

中国手语数据集(Chinese Sign Language Recognition Dataset)是由中国科学技术大学自 2015 年起利用 Kinect 采集的手语视频数据②。该数据集包括独立手势识别数据集(Isolated SLR)[10-13] 和连续手势识别数据集(Continuous SLR)[14-16] 两大类。其中，Isolated SLR 有 500 类不同的手势单词，每类有 250 个视频样本；Continuous SLR 有 100 类不同的手语句子，每类有 50 个视频样本。该数据集的每一个视频样本都由专业的中国手语老师进行标注。同时，这两个数据集均包含 RGB 数据、深度数据和骨骼数据这三种模态的数据，且均由 50 位表演者完成采集，每个表演者对每个手势重复表演 5 次。

4. DEVISIGN 中国手语数据集

DEVISIGN 中国手语数据集[17-18]是从 2012 年起在微软亚洲研究院的资助下由中国科学院计算技术研究所的视觉信息处理和学习研究组(Visual Information

---

① 详见 https://www-i6. informatik. rwth-aachen. de/~koller/RWTH-PHOENIX/。

② 详见 http://home. ustc. edu. cn/~pjh/openresources/cslr-dataset-2015/index. html。

Processing and Learning Group)构建的。该项目为世界不同地区的研究者提供了一个可以用于训练和测试的大规模中国手语的数据集，同时也可以针对真实场景，特别是面对海量未标注的未知用户场景，提供了一个将手语识别技术进行实际应用的发展方向。DEVISIGN 中国手语数据集涵盖了中国手语中的全部 4414个标准词汇。该数据集通过 30 个表演者(其中 13 名男性，17 名女性)采集完成，共包含 331 050 个词汇数据。每一个数据样本都包含了 RGB 数据、深度数据及骨骼数据等不同模态的数据，其中 RGB 数据以视频形式给出。该数据集既包含词汇类内的变化，也包含词汇类间的变化。

目前 DEVISIGN 中国手语数据集公开了三个子集——DEVISIGN-G、DEVISIGN-D 和 DEVISIGN-L。其中，DEVISIGN-G 由最基本的 26 个英文字母和 10 个阿拉伯数字组成，共计 432 个样本；DEVISIGN-D 包含了 500 个日常常用的词汇(其中包括 DEVISIGN-G 中的 26 个英文字母和 10 个阿拉伯数字)，共6000 个样本；DEVISIGN-L 在 DEVISIGN-D 的基础上进一步扩大，包含了 2000个中国手语词汇，共计 24 000 个样本。这三个子集的差异只体现在数据的规模上，表演者和采集的次数均保持一致，以便消除无关因素对识别情况的干扰。数据的样本示例如图 2.6 所示。

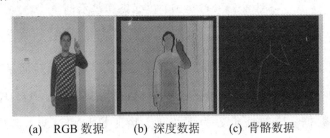

(a)　RGB 数据　　　(b) 深度数据　　　(c) 骨骼数据

图 2.6　DEVISIGN 中国手语数据集不同模态数据示例①

5. CGD 系列数据集

1) CGD2011 数据集

2011 年，ChaLearn Gesture Challenge 挑战赛官方发布了 CGD2011 手势数据集[19]。该数据集从 9 大类动作收集手势，包括：① 生活中的基本手势(例如戴眼镜、喝水、踢球)；② 模仿性动作(例如哑剧表演中的动作)；③ 舞蹈中的手势；

---

① 详见 http://vipl.ict.ac.cn/homepage/ksl/data.html。

④ 无意识动作（例如搓手、挠头、摸耳朵）；⑤ 伴随语言表达的强调式手势（例如用拍手来加强讲话）；⑥ 伴随语言表达的说明性动作；⑦ 礼仪手势（例如军礼、印度传统手势）；⑧ 手语（例如用于聋哑人交流的手势）；⑨ 信号手势（例如裁判信号、潜水信号或交通指挥信号）等。

CGD2011 数据集通过 Kinect 采集完成。该数据集包含 30 个基本手势，由 20 位表演者参与手势视频的采集，共计 50 000 个手势样本。视频中每一帧的大小为 240×320。每种手势都包含 RGB 数据和深度数据两种模态的数据。该数据集的训练集包含 48 000 个样本，验证集包含 2000 个样本。此外，该数据集的提出者 Guyon 等人还另外构建了一个包含 4000 个样本的测试集，用于比赛结果的测试。样本示例如图 2.7 所示，数据集中表演者表演手势时的背景不尽相同，光照条件也不同。

图 2.7　CGD2011 数据集样本示例

2）CGD2013 数据集

在 2013 年，ChaLearn Gesture Challenge 挑战赛将目标转向了多模态手势识别问题。尽管同样采用 Kinect v1 传感器进行数据采集，但 CGD2013 数据集[20]强调的是多模态数据。该数据集分为训练集、验证集和测试集，其中训练集包含 403 个样本，验证集包含 300 个样本，测试集包含 274 个样本。数据集包含 20 类意大利语手势，由 27 个表演者完成演示。如图 2.8 所示，每个样本都包含五种

(a) RGB 数据　　　(b) 深度数据　　(c) 二值化掩模数据　(d) 骨骼数据　　(e) 音频数据

图 2.8　ChaLearn2013 数据集 5 种模态数据示例

不同模态的数据,即 RGB 数据、深度数据、二值化掩模数据(同 LaRED 数据集类似,该模态数据通过二值化的方式将表演者的人体轮廓分割出来)、骨骼数据和音频数据。其中 RGB 数据和深度数据的分辨率为 480×640。与之前介绍的数据集有所不同,该数据集的深度模态数据以热力图的形式给出,音频数据则是对相应动作的意大利语释义。

3) CGD2016 数据集

2016 年,在 ChaLearn Gesture Challenge 挑战赛相关数据集的基础上,官方提出了一个新的(CGD2016)数据集[21]。在当时的手势识别领域中,该数据集是规模最大的数据集。其包括独立手势识别数据集(Isolated Gesture Dataset,IsoGD)和连续手势识别数据集(Continuous Gesture Dataset,ConGD)两个部分。在 IsoGD 中,每个视频只包含了一个手势,而在 ConGD 数据集中,每个视频包含两个以上不同类别的手势动作。如图 2.9 所示,每一个样本均包含 RGB 数据和深度数据两种模态的数据。

图 2.9　CGD2016 数据集①中手势的 RGB 样本帧和深度样本帧示例

IsoGD 数据集总共有 47 933 个手势样本,包含 249 种类型的手势,由 21 位表演者完成采集。该数据集分为训练集、验证集和测试集三个子集,三者分别含有 35 878、5784、6271 个样本,分别由 17、2、2 位表演者表演,每个子集的表演者是互相独立的。值得注意的是,在该数据集中视频长度存在明显的差异性,最短的视频序列长度只有 9 帧,最长视频序列长度高达 405 帧。

_____

① 详见 https://gesture. chalearn. org/2016-looking-at-people-cvpr-challenge/isogd-and-congd-data-sets。

与 IsoGD 数据集相同，ConGD 数据集也包含 47 933 个手势动作，共计 22 535个视频序列。ConGD 数据集也同样被划分为三个固定的子集：训练集、验证集以及测试集。但不同于 IsoGD 数据集的是，ConGD 数据集中的每个视频可能包含多个手势。该数据集不但要求完成对单个手势动作的识别，而且还要对每个手势的组合顺序、起始与结束帧进行预测，从而将整个句子的识别结果与有标签的序列样本进行对比得出最终的识别率，因此相比 IsoGD，ConGD 数据集的任务挑战性更大。

6. 交警手势数据集

张丞等人[22]根据《中华人民共和国公安部关于发布交通警察手势信号的通告》（公通字[2007]53 号）所公布的交通警察指挥手势，制作并公开了第一个中国交通警察指挥手势数据集——Police Gesture Dataset①（以下简称交警手势数据集）。该数据集有 21 段视频，共有手势样本 3 354 个。视频包含多个不同的场景，包括教室内、公园内、停车场、马路及树林等地点。表演者为多名不同相貌、不同身高的人，且需穿着黑色衣裤或交警服装配合录制。视频背景物体包含墙壁、天空、草地、道路、树木、建筑、自行车、汽车以及少量的距离较远的行人。该数据集包含了上述通告所公布的八种交警指挥手势，包括直行、停止、左转弯、右转弯等[22]。图 2.10 为该数据集"直行"手势的样本示例。

图 2.10　交警指挥手势数据集"直行"动作示例[22]

7. SKIG 数据集

动态手势集 Sheffield Kinect Gesture Data Set（SKIG）是由 Sheffield 大学的 Liu 和 Shao 在 2013 年采集完成并发布的[23]。SKIG 一共有 2160 段手势序列，包括 1080 段 RGB 数据序列和 1080 段深度数据序列，其中每一段 RGB 和深度数据

---

① 详见 https://github. com/zc402/ChineseTrafficPolicePose。

序列都是使用 Kinect 深度摄像头同时拍摄的。该数据集的手势示例如图 2.11 所示。

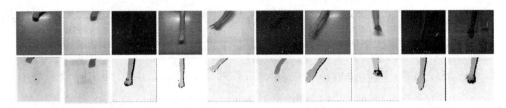

图 2.11　SKIG 10 种不同手势示例

如图 2.11 所示，SKIG 数据集在 6 种不同的场景中采集了 10 种不同类型的动态手势。可以看出，10 种不同手势之间的分类依据是手臂的运动轨迹。由于 SKIG 数据集采集时兼顾了不同的光照、不同的背景条件以及不同的手掌形态，因此该数据集适合作为视觉动态手势识别研究的实验数据。如图 2.12 所示，10 种手势在采集时都使用了三种不同的手掌形态：握紧拳头、食指伸出和五指张开。为了增加同一种类型手势的差异性，每种手势都在 2 种光照（强光和弱光）和 3 种背景（木板背景、白板背景和纸张背景）下进行采集。因此，在每个场景中都有 10（类别）×3（手掌形态）×3（背景）×2（光照）×2（RGB-D）= 360 个手势序列样本。SKIG 中没有划分开训练集和测试集，发布者建议以 6 种不同主题场景为依据，按照 2∶1 的比例进行 3 次交叉验证划分。

图 2.12　SKIG 中每个手势使用的三种手掌形态

8. EgoGesture 数据集

EgoGesture 数据集是一个公开的动态手势识别数据集[24-25]。该数据集是以第一视角采集的用于手势识别的多模态大规模连续手势数据集，共包含 83 个手势。和之前提到的 20BN-Jester、ChaLearn 系列数据集等大部分动态数据集不同，该数据集中一般只包含手部的动作变化。

EgoGesture 数据集总共含有 2081 个手势视频，包含有 24 161 个手势样例，采集自50位不同的表演者。该数据集中一共设计了6个场景，包括4个室内场景和2个室外场景。室内场景包括：① 当表演者处于静止状态时不同背景环境下的手势视频；② 当表演者处于静止状态时在变化背景下的手势视频；③ 当表演者处于静止状态时，处于阳光直射的窗户背景下的手势视频；④ 表演者处于步行状态下的手势视频。室外场景包括：① 表演者处于静止状态时在变化背景下的手势视频；② 表演者处于步行状态时在变化背景下的手势视频。6个场景的示例分别如图2.13中所示。

图2.13 EgoGesture 数据集①的6个场景

9. MSRC-12 数据集

MSRC-12(Microsoft Research Cambridge-12)数据集[26]是由微软研究院剑桥大学计算机实验室 Fothergill 等人于2012年通过 Kinect 采集并制作完成的。这个数据集是由人体各个部位的骨骼数据序列组成，共有594个骨骼序列，总计719 359帧关节点数据。数据集包12类手势，由30位表演者采集完成。对于每类手势，每个表演者会执行多次，形成一个骨骼序列。数据集以 CSV 文件的形式给出骨骼数据的坐标，并通过 tagstream 文件给出每个动作的标签（包括对应的类别和起始/结束帧号），并附有 MATLAB 代码②，以便使用者对骨骼数据进行可视化。可视化后的骨架序列如图2.14所示。

---

① 详见 http://www.nlpr.ia.ac.cn/iva/yfzhang/datasets/egogesture.html。
② 详见 http://research.microsoft.com/en-us/um/cambridge/projects/msrc12/。

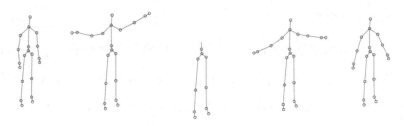

图 2.14　MSRC-12 数据集可视化后的骨架动作序列①示例

MSRC-12 数据集包含 3 种不同类型的数据,分别为文本(动作的文字表述)、图像(一组有序的静态手势表演图,带有适当的注释)和视频(连续的手势表演视频)。该数据集是通过 Kinect 采集的,由 20 个关节点组成人体的骨骼信息。数据集中的 12 种动作分为两类:一类称为标准的动作,动作名称就是动作本身的直接描述;另一类称为隐喻的动作,即动作名称与隐含的寓意相关联。该数据集中手势的具体含义可在表 2.1 中查询。

表 2.1　MSRC-12 数据集手势信息

类型	编号	动作描述	动作编号
标准动作	2	蹲伏/躲藏	G2 蹲下
	4	戴上夜视护目镜,改变游戏模式	G4 双手呈握状举到眼睛前
	6	用手枪射击	G6 伸出手臂,双手合拢,形成手枪,做射击状
	8	扔一个物体,例如手榴弹	G8 使用右臂做俯仰投掷动作
	10	换武器	G10 左手自然下垂,右手伸到左肩后,随后双手收回到腹部。
	12	踢敌人	G12 用右腿向前踢
隐喻动作	1	开始音乐/提高音量	G1 将双手举高,置于头部两侧
	3	切换到下一个菜单	G3 右手自然放置于腹部,手心向下,然后从左到右划出
	5	结束音乐	G5 双臂在身前绕圈,右手以顺时针、左手以逆时针方向画圈
	7	鞠躬,结束会议	G7 身体向前弯腰,停留片刻再起身
	9	抗议音乐	G9 双手交叉相握,放在头上
	11	放慢歌曲的节奏	G11 双手在头顶两侧挥舞

---

① 本示例中的可视化结果参考 https://github.com/juanlao7/MSRC-12-DTW 中的代码实现。

10. NvGesture 数据集

NvGesture 数据集是 Molchanov 等人[27]于 2016 年提出的一个用于驾驶环境下人机交互的手势数据集。该数据集中的手势样本通过 SoftKinetic 深度相机、立体红外相机(Stereo-IR Sensors)等多个传感器分别从不同视角采集，包含 RGB 数据、深度数据和红外数据这三种模态数据。此外，Molchanov 等人还计算了红外视差图(IR Disparity Map)。所有视频数据的帧率为每秒 30 帧，每帧的分辨率为 320×240。在视频中，表演者模拟驾驶中进行人机交互的过程，左手握住方向盘，右手完成手势的表演。系统通过显示屏上的一个界面提示表演者执行每一个手势，并提供该手势的音频描述和 5 秒的视频样本，以引导表演者完成手势的演示。

NvGesture 数据集一共包含由 20 个表演者表演的 1530 个手势视频样本。所有视频数据的帧率为每秒 30 帧，每帧的分辨率为 320×240。该数据集分为训练集和测试集两部分，两者分别包含 1049 和 481 个视频样本。数据集包含了 25 类手势，由于该数据集主要用于驾驶环境，因此数据集中的手势仅通过单手完成。图 2.15 是该数据集的不同模态数据样例。

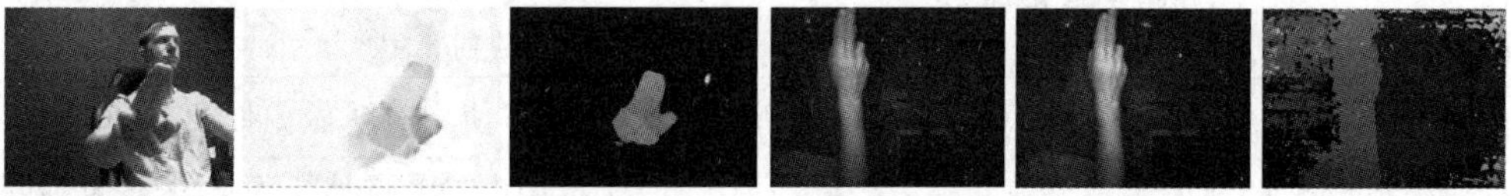

(a) RGB 数据　(b) 光流数据　(c) 深度数据　(d) 红外左视数据　(e) 红外右视数据　(f) 红外视差数据

图 2.15　NvGesture 数据集每种模态数据的示例

2.3　数据集总结

近年来，手势识别领域发布的数据集大幅增加。与此同时，人们对人类手势识别的兴趣也渐渐增加。

(1) 手势数据的模态逐渐增多。从简单的 RGB 数据到 RGB、深度、红外等多种模态的手势数据越来越受到研究者的关注。上文提到的大多数数据集提供了两种模态以上的信息，少数数据集如 Marcel 数据集只提供了单一模态的数据。这些数据集部分是由于提出时间较早，深度数据的提取技术还不够完善。

（2）手势识别数据集的规模也在逐渐增大。由于研究者的进一步探索，手势数据集中手势的类型也变得更加丰富。如早期的 SKIG 数据集只有 10 类手势，而 EgoGesture 数据集和 CGD2016 数据集分别有 83 类、249 类，丰富的手势类型为手势识别技术的发展提供了强有力的支撑。

（3）随着手势数据集中手势数量的增加，数据集的应用场景变得丰富多样。如 EgoGesture 数据集和 NvGesture 数据集倾向于自动驾驶中的手势识别，RWTH PHOENIX Weather、CSL 数据集和 DEVISIGN 数据集则是面向听障人群的手语学习和分析。

（4）随着手势识别方法的发展，手势识别数据采集的环境也更接近真实。一个明显的变化是数据集的采集背景变得更为多样。SKIG 数据集和 MU HandImages ASL 手势数据集的背景相对比较简单，没有背景环境的干扰；而 RWTH PHOENIX Weather、CGD 系列数据集的背景环境比较复杂，EgoGesture 数据集、交警手势数据集使用了不同场景，这些都提升了手势识别的挑战性。

表 2.2 给出了这些数据集具体信息的对比情况。

表 2.2　手势识别算法公共基准数据集的相关信息

数据类型	数据集	年份	采集设备	数据模态	类别	表演者人数	样本数	应用
静态数据	ASL	2011	Kinect	RGB，深度	26	5	120 000	手语识别
	MU HandImages ASL	2011	Kinect	RGB，深度	36	5	2515	手势识别
	LaRED	2014	Kinect	RGB，深度，掩模	81	10	243 000	手势识别
	Marcel	1999	普通摄像头	RGB	6	10	5819	手势识别
	Senz3D	2015	Senz3D	RGB，深度	11	4	1320	手势识别
	交通手势	2019	普通摄像头	RGB	8	20	3354	手势识别

续表

数据类型	数据集		年份	采集设备	数据模态	类别	表演者人数	样本数	应用
动态数据	20BN-Jester		2019	网络摄像头	RGB	27	1376	148 092	手势识别
	RWTH PHOE-NIX Weather		2014	普通摄像头	RGB	400	9	45 760	手语识别
	CSL	-100	2015	Kinect	RGB，深度，骨骼	100	50	5000	手语识别
		-500				500		125 000	
	DEVISIGN	-G	2012	Kinect	RGB，深度，骨骼	36	8	432	手语识别
		-D				500		6000	
		-L				2000		24 000	
	CGD2011		2011	Kinect	RGB，深度，	30	20	50 000	手势识别
	CGD2013		2013	Kinect	RGB，深度，骨骼，音频，掩模	20	27	403	手势识别
	CGD2016		2016	Kinect	RGB，深度	249	21	47 933	手势识别
	SKIG		2013	Kinect	RGB，深度	10	6	2160	手势识别
	EgoGesture		2018	RealSense	RGB，深度	83	50	24 161	手势识别
	MSRC-12		2012	Kinect	骨骼	12	30	594	手势识别
	NvGesture		2016	Kinect、红外相机	RGB，深度，光流，红外	25	20	1530	手势识别

　　表 2.2 主要从数据集的规模、数据模态以及视拍摄角、表演者人数以及动作类别等几个方面来对比上述数据集。可以看出，目前 20BN-Jester 数据集的数据规模要远大于其他数据集，参与演示的人数也最多。而从动作类别来看，由于涉及的手语词汇较多，Isolated SLR 数据集是目前类别数最大的一个数据集。此外，这些数据集除了 EgoGesture 是从第一人称视角采集的，其他数据集均以第三人称视角采集。

2.4　本章小结

本章通过对手势识别领域现有数据集的分析，描述了当前主要的公开数据集的特性、潜在的用途及它们的优缺点。随后以数据获取的类型为切入点，分别从数据集的动态和静态角度说明了不同种类数据集之间的区别。最后对这些数据集的特性、模态、用途等进行了对比，说明了不同数据集的适用场景。

参 考 文 献

［1］ PUGEAULT N，BOWDEN R. Spelling it out：real-time ASL fingerspelling recognition ［ C ］//Proceedings of IEEE International Conference on Computer Vision Workshops. IEEE，2011：1114-1119.

［2］ BARCZAK A L C，REYES N H，ABASTILLAS M，et al. A new 2D static hand gesture colour image dataset for ASL gestures[J]. Research Letters in the Information and Mathematical Sciences，2011，15：12-20.

［3］ HSIAO Y S，SANCHEZ-RIERA J，Lim T，et al. LaRED：a large RGB-D extensible hand gesture dataset[C]//Proceedings of 5th ACM Multimedia Systems Conference. 2014：53-58.

［4］ MARCEL S. Hand posture recognition in a body-face centered space[C]// Proceedings of Conference on Human Factors in Computing Systems. 1999：302-303.

［5］ MEMO A，MINTO L，ZANUTTIGH P. Exploiting silhouette descriptors and synthetic data for hand gesture recognition[J]. STAG，2015：15-23.

［6］ MEMO A，ZANUTTIGH P. Head-mounted gesture controlled interface for human-computer interaction［J］. Multimedia Tools and Applications，2018，77(1)：27-53.

［7］ MATERZYNSKA J，BERGER G，BAX I，et al. The Jester Dataset：A

Large-Scale Video Dataset of Human Gestures [C]// Proceedings of International Conference on Computer Vision Workshops. IEEE, 2019: 1-9.

[8] FORSTER J, SCHMIDT C, HOYOUX T, et al. RWTH-PHOENIX-Weather: a Large vocabulary sign language recognition and translation corpus [C]//Proceedings of Language Resources and Evaluation Conference. 2012, 9: 3785-3789.

[9] KOLLER O, FORSTER J, NEY H. Continuous sign language recognition: towards large vocabulary statistical recognition systems handling multiple signers [J]. Computer Vision and Image Understanding, 2015, 141: 108-125.

[10] ZHANG Jihai, ZHOU Wengang, XIE Chao, et al. Chinese sign language recognition with adaptive HMM[C]//Proceedings of IEEE International Conference on Multimedia and Expo. IEEE, 2016: 1-6.

[11] PU Junfu, ZHOU Wengang, Li Houqiang. Sign language recognition with multi－modal features[C]//Proceedings of Pacific Rim Conference on Multimedia. Springer, Cham, 2016: 252-261.

[12] LIU Tao, ZHOU Wengang, LI Houqiang. Sign language recognition with long short－term memory [C]//Proceedings of IEEE International Conference on Image Processing. IEEE, 2016: 2871-2875.

[13] PU Junfu, ZHOU Wengang, ZHANG Jihai, et al. Sign language recognition based on trajectory modeling with HMMs[C]//Proceedings of International Conference on Multimedia Modeling. Springer, Cham, 2016: 686-697.

[14] PU Junfu, ZHOU Wengang, HU Hezhen, et al. Boosting continuous sign language recognition via cross modality augmentation[C]//Proceedings of ACM International Conference on Multimedia. 2020: 1497-1505.

[15] PU Junfu, ZHOU Wengang, LI Houqiang. Dilated convolutional network with iterative optimization for continuous sign language recognition[C]//

Proceedings of International Joint Conference on Artificial Intelligence. 2018，885-891.

[16] GUO Dan，ZHOU Wengang，LI Houqiang，et al. Hierarchical lstm for sign language translation［C］//Proceedings of AAAI Conference on Artificial Intelligence. 2018，6845-6852.

[17] CHAI Xiujuan，WANG Hanjie，CHEN Xilin. The DEVISIGN large vocabulary of Chinese sign language database and baseline evaluations［R］. Beijing：Technical Report VIPL-TR-14-SLR-001，2014.

[18] WANG Hanjie，CHAI Xiujuan，HONG Xiaopeng，et al. Isolated sign language recognition with grassmann covariance matrices［J］. ACM Transactions on Accessible Computing，2016，8(4)：1-21.

[19] GUYON I，ATHITSOS V，JANGYODSUK P，et al. The chalearn gesture dataset (CGD 2011)［J］. Machine Vision and Applications，2014，25(8)：1929-1951.

[20] ESCALERA S，GONZÀLEZ J，BARÓ X，et al. Multi-modal gesture recognition challenge 2013：dataset and results［C］//Proceedings of ACM International conference on multimodal interaction. 2013：445-452.

[21] WAN Jun，ZHAO Yibing，ZHOU Shuai，et al. Chalearn looking at people RGB-D isolated and continuous datasets for gesture recognition［C］// Proceedings of IEEE Conference on Computer Vision and Pattern Recognition Workshops. 2016：56-64.

[22] HE Jian，ZHANG Cheng，HE Xinlin，et al. Visual recognition of traffic police gestures with convolutional pose machine and handcrafted features ［J］. Neurocomputing，2020，390：248-259.

[23] LIU Li，SHAO Ling. Learning discriminative representations from RGB-D video data［C］// International Joint Conference on Artificial Intelligence. AAAI Press，2013：1493-1500.

[24] ZHANG Yifan，CAO Congqi，CHENG Jian，et al. EgoGesture：a new dataset and benchmark for egocentric hand gesture recognition［J］. IEEE

Transactions on Multimedia，2018，20(5)：1038-1050.

[25] CAO Congqi，ZHANG Yifan，WU Yi，et al. Egocentric gesture recognition using recurrent 3D convolutional neural networks with spatiotemporal transformer modules[C]//Proceedings of IEEE International Conference on Computer Vision. 2017：3763-3771.

[26] FOTHERGILL S，MENTIS H，KOHLI P，et al. Instructing people for training gestural interactive systems[C]//Proceedings of the SIGCHI Conference on Human Factors in Computing Systems. 2012：1737-1746.

[27] MOLCHANOV P，YANG Xiaodong，GUPTA S，et al. Online detection and classification of dynamic hand gestures with recurrent 3D convolutional neural network[C]//Proceedings of IEEE Conference on Computer Vision and Pattern Recognition. 2016：4207-4215.

第 3 章　基于手工特征的手势识别方法

由于有着广泛的实际应用场景，手势识别自 20 世纪末逐渐成为计算机视觉领域的主要研究方向之一。在对手势识别的早期研究中，研究者们一般通过精心设计的手工特征来对手势的位置和变化进行建模，从而实现对手势的识别。这些基于手工特征的算法由于有着强大的理论支撑，因此在计算资源有限的情况下，成为手势识别领域的主流算法。而如何设计一种好的手工特征对最终手势识别算法的精度有着很大的影响。因此，本章将着重对一些较为经典的手工特征的设计及其在手势识别领域的应用进行介绍。

3.1　手部区域分割

手势识别的重点在于对手部动作的识别，因此手势识别方法的一种常见思路是首先通过手部区域分割将手、腕及手臂等与手势相关的区域从复杂的场景中分离出来，随后利用其对手部的运动特征进行建模，最终完成对手势的识别。一般来讲，手势分割方法大致分为以下三类[1]：基于边缘信息的分割方法、基于运动分析的分割方法和基于颜色等物理特征的分割方法。本节将分别对这三种方法展开介绍。

3.1.1　基于边缘信息的分割方法

1. 基于边缘算子的分割方法

在一幅图像中，不同区域的亮度值一般会有所不同，因此在其边缘处会产生较为明显的亮度差异。利用这个特性，可通过边缘检测的方法将手部区域从图像中加以分离，从而实现手部区域的分割。图像中的边缘检测有两个重点，一个是需要有效地对图像中的噪声进行抑制，防止将一些与手部区域无关的边缘计算在内；另一个是要精确地确定边缘的位置。边缘算子是用来提取图像中边缘的运算单元。常见的边缘算子包括 Prewitt 算子、Laplacian 算子、Roberts 算子和 Canny 算子等，不同的算子在确定边缘位置的同时，对噪声的抑制程度也是不同的。其中利用 Canny 算子可以防止噪声的干扰，从而较为准确地检测出图像当中的边缘。这主要因为 Canny 算子是通过包括滤波、增强、检测等多个阶段在内的计算完成边缘检测工作的。

　　然而，实际的手部区域分割任务往往较为复杂，仅仅通过一般的边缘检测算法并不能精确提取相关区域，还需要利用肤色等其他信息进行辅助。如图 3.1 所示，王衡[2]设计了一种联合肤色信息和 Canny 边缘检测来分割图像中手部区域的方法。该方法首先利用肤色的信息，根据设定好的阈值将脸部和手部等人体区域从图像中分离；在此基础上，利用人面部区域棱角分明因而边缘较多的特点，通过边缘检测排除图像中的面部区域，并利用面部和手部的空间关系实现对手部区域的提取。

图 3.1　肤色-Canny 算子手势提取效果示意图

　　除此之外，林水强等人[3]也有效利用了肤色信息实现了人体区域和图像背景区域的分离，随后基于人的脸部形状接近椭圆形且基本不存在形变，而人手的几何形状区别较大且易产生变化的特点，设计了特征参数阈值，由此提取图像中的手部区域。

2. 基于活动轮廓模型的分割技术

　　活动轮廓模型是一种基于能量泛函的方法，它的提出给传统的图像分割和边界提取技术带来了重大突破。基于活动轮廓模型的分割方法主要原理是使用连续曲线来表达目标边缘。在这个过程中首先需要提供待分割图像的一个初始轮廓位置，该初始轮廓的位置是由一组控制点：$v(s) = [x(s), y(s)]$（其中 $s \in [0, 1]$）组成。其中，$x(s)$ 和 $y(s)$ 表示每个点在图像中的横纵坐标位置。s 是以傅里叶变换形式描述边界的自变量，因此分割过程就转化为求解能量泛函的最小值的过程，即该函数取得最小值时的曲线位置就是分割得到的轮廓位置。活动轮廓模型的能量函数可进一步分为内部和外部能量函数两个部分，其中内部能量函数保证了轮廓的平滑性和连续性，外部能量函数控制轮廓向着实际的分割位置收敛，一般其只取控制点或连线所在位置的梯度等图像局部特征[4]。活动轮廓模型的能量函数可形式化描述为

$$E_{\text{total}} = \int_s \left(\alpha \left| \frac{\partial}{\partial s} v \right|^2 + \beta \left| \frac{\partial^2}{\partial s^2} v \right|^2 + E_{\text{ext}}(v(s)) \right) \mathrm{d}s \tag{3.1}$$

其中第一项是 v 的一阶导数的模，被称为弹性能量；第二项是 v 的二阶导数的模，又被称为弯曲能量；第三项是外部能量，具体定义为

$$E_{\text{ext}}(v(s)) = P(v(s)) = - \left| \nabla I(v) \right|^2 \tag{3.2}$$

研究者一般首先通过活动轮廓模型提取手部的轮廓，并根据该轮廓实现手部区域的分割。例如王衡[2]就利用基于水平集（Level set）的自适应活动轮廓模型对手势轮廓进行提取，其效果如图 3.2 所示。

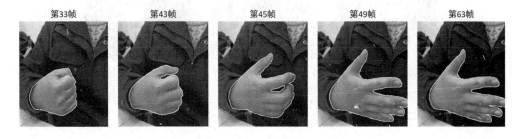

图 3.2　利用基于水平集的活动轮廓模型逐帧提取手部区域效果示意图

3.1.2　基于运动分析的分割技术

在实际生产生活当中，手势识别任务不仅需要对静态手势姿态加以处理，还需要对连续的手势动作变化加以识别。因此，对于手部区域的分割也需要从单幅图像扩展到连续的视频序列上。在这种情况下，包括光照、背景等在内的更多的无关因素都会对分割过程产生影响，进一步降低分割的精度。因此，在对连续视频序列进行手部区域分割时，也需要对这些时域变化信息加以考虑。目前基于动态视频流的手部区域分割方法主要有：基于背景减法的分割方法、基于帧间差分阈值的方法和基于光流场的分割方法等。

1. 基于背景减法的分割方法

基于背景减法的分割方法[5]首先利用多幅图像或者单纯的背景图像构建背景图像，随后将当前帧图像与背景图像相减以消除背景，最后再通过设定阈值来实现目标分割。基于背景减法的分割方法原理与实现过程都相对简单，但是由于算法主要依靠环境背景的不变性，因此这种方法更适合背景较为纯净且没有外界影响的应用场景。如图3.3所示，虽然基于背景减法的分割方法可以大致将人体轮廓分割出来，但当相机本身存在位移时，就会导致在如窗框等出现位置变化的区域同样存在差值。此外，当背景与目标的亮度信息相似时，如踢脚线和人的衣服颜色接近的区域，通过减除背景也无法获得正确的分割结果。

(a) 场景背景图像　　　(b) 人在场景中运动　　(c) 背景减法的分割效果

图 3.3　利用背景减法进行分割的效果

2. 基于帧间差分阈值(帧差法)的分割方法

基于帧间差分阈值的分割方法[6]是经典的目标分割方法。与背景减法的原理相似，都是基于环境背景不变性实现的。换句话说，在连续的视频序列里，如果视频帧内没有运动物体，则帧间的变化应该很微弱；如果存在运动物体，则连续帧之间会有明显的变化。在实际使用中，最常采用的是选取视频序列中相邻的两帧或三帧甚至五帧图像相减，得到相邻两帧之间亮度差的绝对值。阈值作为判断帧间的变化是来源于噪声还是运动目标的主要依据，其值的设定十分重要。一般阈值是在实验之后手工选取的，因此如果阈值设计不当就有可能导致分割后出现噪声或对运动目标产生误判。图3.4给出了当阈值设为0.5时基于帧间差分阈值方法进行运动物体分割的效果。可以看出，该方法对于人体的基本轮廓是可以分割出来的，但对于变化幅度较小的区域(如表演者的右足)则无法进行正常处理。

图 3.4　通过帧差法进行运动物体分割效果

3. 基于光流场的分割方法

光流(Optical flow)算法是 1981 年 Horn 和 Schunck[7]提出的,它是通过分析图像序列中同一位置像素在时域上的变化情况来计算出物体的运动信息的一种方法。从本质上说,光流就是一种相对的运动,它是由场景中前景目标本身的运动、成像设备的移动或者两者共同运动所产生的。对光流模态数据在手势识别当中的应用详见第 6 章。

基于光流场的分割方法的核心就是求出运动目标的光流。根据灰度不变性原理,可以得到光流基本方程,该方程可形式化地表述为

$$I_x u + I_y v + I_t = 0 \qquad (3.3)$$

其中 u 和 v 分别为光流沿 x 轴与 y 轴的速度,I 是光强度。所有基于梯度计算光流的算法均以公式(3.3)为基础。此方程的成立建立在三个假设之上:(1) 参考帧和当帧之间的亮度是一致的;(2) 参考帧和当前帧之间具有连续的时间关系;(3) 同一幅图像中的像素保持相同的运动。

光流场分割法可以用图像平面亮度信息的变化情况来描述物体的运动状态。当场景中存在运动目标时,由于目标相对背景是运动的,因此其运动向量必然和背景的运动向量有所不同。由此即可得到光流特征,进而可以将运动的目标分割出来[8]。图 3.5 给出了一个在 AUTSL 数据集[9]上利用光流特征标记运动区域的示例。

图 3.5　基于光流分割运动区域的效果示例

3.1.3　基于肤色特征的分割方法

顾名思义，基于肤色特征的分割方法一般利用手部肌肤的颜色信息来实现手部区域的分割。由于肤色特征具有对运动不敏感的特点，因此常常用于手部区域的分割任务。

基于肤色的分割方法可分为基于物理的方法和基于统计的方法两种类型。其中基于物理的方法一般通过自适应地设定肤色阈值来实现分割。一般情况下，由于可以较为容易地根据形状确定人体头部在图像中的位置，自适应肤色分割往往先根据头部区域的颜色设定阈值，根据该阈值分割所得到的最大的三个区域即是头部和双手的位置，由此即可将手部区域分割出来。而基于统计的方法是利用肤色统计模型实现肤色检测分割的，该方法包括颜色空间的选取和肤色建模两个步骤。颜色空间的选取一般是为了找到能够尽可能区分手部肌肤和其他区域的颜色空间，一般是在 RGB，YCbCr，HSV 和 HSI 等不同色彩空间中选取；而对肤色进行建模主要包括非参数化的直方图统计和像素分类（即区分是否为肌肤区域）等方式。如图3.6所示，王衡[2]基于 YCbCr 颜色空间，通过设定一定的阈值，标记出图像中的和肌肤相关的区域，从而实现了手部的分割。事实上，基于肤色特征的分割方法与颜色空间的选择、色阶的级数和像素分类方法等因素密切相关，且要求双手没有被遮挡，因此一般会和其他方法联合使用。

图 3.6 基于肤色的分割效果示例

3.1.4 小结

手部区域分割在早期的手势识别方法中有着重要的作用，手势分割的好坏直接影响着手势识别结果的精确程度。前面介绍的每种方法都有自己的优点，但也存在一定的局限性。例如对于背景简单的图像，单独采用边缘检测或阈值法就能达到不错的效果，但对复杂的图像，可能需要联合使用这几种不同的方法才能较好地将手部区域从背景中分割出来。

3.2 手势特征提取

通过适当的特征对手势进行表征是手势识别的一个关键步骤。为了更为准确地描述手势的变化情况，研究者提出了多种手工特征。常用的手势特征除了 3.1 提到的肤色、边缘等局部特征之外，还包括一些直接在整幅图像上提取的特征。以下将对这些特征及相关提取方法分别进行介绍。

3.2.1 Haar-like 特征

Haar-like 特征是一种通过计算区域内像素的明暗比例以识别物体的一种特征，它因为与 Haar 小波变换极为相似而得名。该特征最先由 Papageorgiou 等人[10]在 1998 年的 ICCV会议中提出，后经过 Lienhart 等人[11]引入 45°对角特征，得到了进一步的完善。如图 3.7 所示，Haar-like 特征根据模板内的黑白矩形关系可分为线性特征、中心特征和对角线特征等。在利用该特征实现目标识别时，研究者将计算好的 Haar-like 特征值与一个事先定义的阈值进行比较，从而将目标区域和非目标区域加以区分。由于使用单个 Haar-like 特征只能得到一个弱分类器，因此为了得到一个更为鲁棒的识别结果，就需要借鉴 AdaBoost 的思想，将大量这样的弱分类器进行级联，最终形成一个强分类器。因此实际上一般会将几种 Haar-like 特征模板进行级联组合。基本的 Haar-like 特征模板内有黑、白两种颜色的矩形，黑、白两种颜色对应的值分别为 0 和 1。对一幅图像而言，其 Haar-like 特征的特征值定义为滑动窗口内白色矩形对应的像素亮度之和与黑色矩形对应的像素亮度之和的差。Haar-like 特征虽然可以反映图像的灰度变化情况，但该特征只是对边缘等与模板相对应的一些简单的图形结构较为敏感，因此只能描述特定的线性结构、中心结构、对角结构等。然而，由于 Haar-like 特征计算的是白色和黑色矩形之间的灰度级差，并非进行逐像素计算，因此该特征对噪声和光照变化具有较强的鲁棒性。

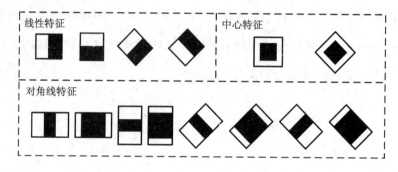

图 3.7　Haar-like 特征模板[11]

Haar-like 特征值的计算主要依靠积分图进行[10]。积分图利用对空间内的像素进行累积实现对全局信息的表示。如图 3.8 所示，积分图中的每一点(i,j)的值是原图中对应位置的左上角矩形区域的所有值的和，因此当要计算某个区域内的像素值之和时可以利用图像位置直接在积分图中进行索引，而无须重新计算这个

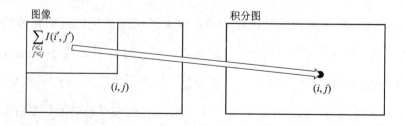

图 3.8　积分图构造示意图

区域的像素和。利用积分图求取 Haar-like 特征值只需要遍历图像一次,大大地提升了计算图像 Haar-like 特征值的效率。因此提取 Haar-like 特征的第一步就是求取积分图。

如上所述,积分图在位置 (i,j) 处的值 $\mathrm{SAT}(i,j)$ 是原图像 (i,j) 左上方位所有像素的和,具体定义为

$$\mathrm{SAT}(i,j) = \sum_{\substack{i' \leqslant i \\ j' \leqslant j}} I(i',j') \tag{3.4}$$

对其可进一步通过递归的形式描述为

$$\mathrm{SAT}(i,j) = \mathrm{SAT}(i-1,j) + \mathrm{SAT}(i,j-1) + I(i,j) - \mathrm{SAT}(i-1,j-1)$$
$$\mathrm{SAT}(1,1) = I(1,1)$$

$$\tag{3.5}$$

在通过 Haar-like 特征进行手势识别时,一种常见的做法是将手部区域看成一个长方体外接五个圆柱,长方体与圆柱都会有明暗对比,不同模板大小明暗对比也不同,因此可以用 Haar-like 特征的级联分类结果来提取手势的特征。2015年 Hsieh 等人[12]利用 Haar-like 特征进行手势识别。对于静态手势,Hsieh 等人直接利用图 3.9(a)所示的模板对灰度图像进行 Haar-like 特征提取,然后使用提取的结果对握拳和摊开手掌两种手势进行分类,并在此基础上进行手势的识别。

  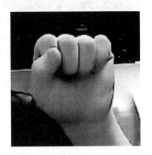

(a) 特征模板　　　　　　　(b) 提取的面部和手部区域　　　　　　(c) 握拳手势

图 3.9　利用 Haar-like 特征实现静态手势识别示例图

对于实时的动态手势识别问题,Hsieh 等人则将每帧图像缩小为 24×32 的矩阵,并利用其生成运动历史图(Motion History Image,MHI),通过图 3.10 中的特征模板来识别图中手部位移变化的方向,最终确定动态手势的类别结果。相

关的原始图像、MHI 及模板图如图 3.11 所示。

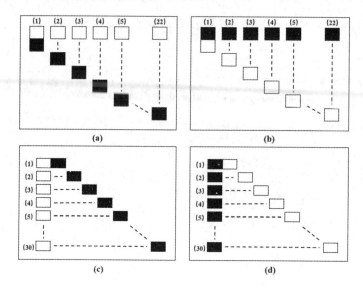

图 3.10　检测手势移动方向的 Haar-like 模板[12]

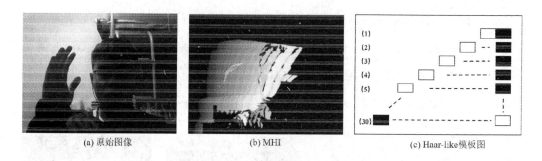

图 3.11　基于 Haar-like 特征进行动态手势识别实例

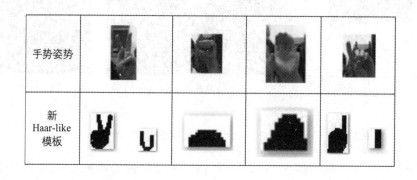

图 3.12　针对不对称手势的新 Haar-like 特征模板[13]

对于一些不对称手势，Ghafouri 等人[13]设计了与手部区域大致成比例的新 Haar-like 特征，并将这些特征添加到以前的 Haar-like 特征模板中。图 3.12 给出了这样的一组新模板。需要注意的是，由于这种新设计的 Haar-like 特征不具有对称性，因此不能使用上面提到的积分图像来计算特征值，而需要通过分析黑色和白色区域的卷积结果之间的差异进行计算。

3.2.2　LBP 特征

局部二值模式(Local Binary Pattern，LBP)是一种图像局部纹理特征的描述子，它是 Ojala 和 Pietikäinen[14]在 1999 年提出的。LBP 算子定义如图 3.13 所示，对每个像素，在其 3×3 的邻域内，将其周边的 8 个像素的亮度值与之进行比较，若某个周边位置的像素亮度值大于中心位置像素的亮度值，则该位置被标记为 1，否则标记为 0。经过上述比较，在这个 3×3 的窗口中就会产生 8 位二进制值，该值被称为 LBP 值。由于 LBP 值可以表示该区域的明暗关系，因此可以利用该值来反映该区域的纹理信息。通常情况下 8 位的二进制数会被转换为十进制的 LBP 码(取值范围为 0~255)以便于计算。

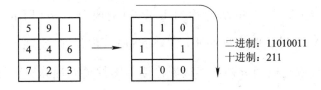

图 3.13　LBP 计算规则

从 LBP 的定义可以看出，LBP 算子具有灰度不变性，即无论像素值如何变化，只要其比中心像素的像素值高，该位置就会被标记为 1，反之亦然。然而该算子并不具有旋转不变性，因为图像的旋转会导致窗口内 LBP 的绝对起始位置发生变化，进而会得到不同的LBP 值。

但是，由于 LBP 算子仅在 3×3 邻域中进行计算，因此由 LBP 算子定义可以看出，当对图像进行缩放和旋转变化时，LBP 特征就变得并不可靠。此外，当整个图像的纹理信息一致时，利用 LBP 作为目标特征是可行的；但是，当目标的纹理较为丰富且图像的背景边缘信息也很复杂的时候，LBP 特征提取方法就变得不太适用。在手势识别任务当中，手部和背景的界线可能并不明显，所以一般对于手势识别任务,LBP 特征通常需要与其他特征结合使用。

如上所述,由于图像的背景边缘信息通常很复杂,每个窗口内的灰度差也很复杂,因此很难获得准确的 LBP 特征信息。Zhang 等人[15]结合 HOG(Histogram of Oriented Gradient)和 LBP 这两种特征来完成手势识别任务。其中 HOG 特征为方向梯度直方图特征(HOG 特征的具体介绍见 3.2.5 节)。为了融合这两种特征,Zhang 等人首先提取重构的 HOG 特征,随后使用均匀 LBP(uniform LBP)计算每个块的直方图。通过这样的方法可以减少高频噪声带来的影响。提取均匀 LBP 特征的步骤如下:

(1) 根据特征提取要求将图像的区域划分成若干单元(cell),其划分的依据由识别任务的特点而定;

(2) 依照上述方法计算每个单元中每一个像素位置的 LBP 特征值;

(3) 根据图像区域的划分以及计算的 LBP 特征值进行直方图统计,即统计每个单元内每个 LBP 特征值出现的次数,在此基础上对直方图进行归一化处理;

(4) 将整幅图像的每个单元内的统计直方图特征组成一个向量,由此得到整幅图像的 LBP 特征向量。

此外,Wang 等人[16]也结合均匀 LBP 和主成分分析(Principal Component Analysis,PCA)进行提取手势特征,并对其进行降维,以实现手势识别。该方法首先使用 YUV 颜色空间分割和连接域检测等图像预处理算法获得图像中完整的手部区域,随后提取手部区域的均匀 LBP 特征,并利用 PCA 降维,减少算法的计算开销,最后使用支持向量机进行分类,实现最终的识别。

3.2.3 SIFT 特征

尺度不变特征变换(Scale Invariant Feature Transform,SIFT)是一种局部特征描述子,它是 Lowe[17]于 1999 年提出的,并在 2004 年得到了进一步的发展和完善[18]。相较于前两节介绍的 Haar-like 和 LBP 特征,SIFT 特征更为复杂,对图像的仿射变换也更为稳定。即使图像经过平移、缩放和旋转等变换,SIFT 特征仍能保持稳定。也正因如此,SIFT 特征被广泛用于处理两幅图像之间的匹配问题。具体到手势识别问题上,由于表演者个人习惯不同,同一个手势往往会存在尺度(主要源自表演者手部与相机的距离)、角度和位置等不同方面的差异。SIFT 主要利用的是一些如角点、边缘点、暗区的亮点以及亮区的暗点等不会因光照、噪声以及仿射变换而变化的"稳定"特征点,因此能够在手势识别问题上取得更好的效果。总体来说,SIFT 特征具有以下特性:

(1) 特征稳定。SIFT 特征具有平移、旋转、尺度不变性,并且可以在一定程度上避免遮挡和噪声等干扰;

(2) 信息量丰富。该特征可以实现在海量特征库中的快速、准确的匹配。

(3) 多量性。即使图像中只有少量物体,也可以提取得到足够的 SIFT 特征向量。

(4) 提取速度快。经过优化的基于 SIFT 特征的算法可以达到实时的速度。

(5) 可扩展性强。SIFT 特征不但可以单独使用,也可以和其他特征联合使用。

SIFT 特征的生成一般包括以下几个步骤。

(1) 建立高斯差分金字塔。

为了保证特征的尺度不变性,一般通过高斯金字塔(Gaussian Pyramid)来表示特征。建立图像的高斯金字塔需要对图像进行降采样,并对相同的尺度采用不同高斯核进行滤波处理。该过程如图 3.14 所示。

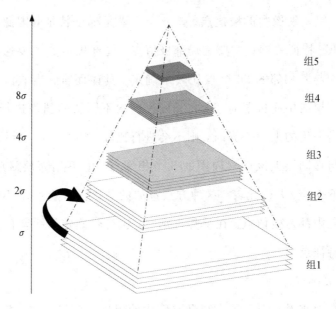

图 3.14　图像的高斯金字塔

从图 3.14 中可以看出,在构建图像的高斯金字塔时,首先对图像进行采样,得到不同尺度的图像。采样的过程通过隔点间隔下采样实现。对于每一种采样尺度下的图像，首先利用不同参数的高斯核进行卷积，得到的每幅卷积图像称为一层，而每一尺度的多层图像合称为一组（Octave）。在得到高斯金字塔后，将高斯金字塔中每组相邻两层的相同位置相减，生成如图 3.15 所示的高斯差分金字塔。

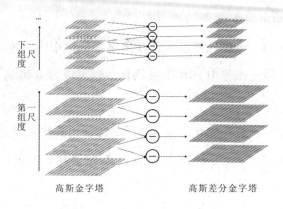

高斯金字塔　　　　　　高斯差分金字塔

图 3.15　图像高斯差分金字塔[18]

（2）确定关键点位置。

① 初选关键点。

SIFT 的特征关键点是图像中不因仿射变换或噪声等因素而变化的稳定特征点，这些点一般是图像中的极值点。差分金字塔是梯度特征，因此在差分金字塔空间中的 SIFT 特征关键点主要是局部极值点。局部极值点主要通过将该位置像素点与空间中与其相邻的 26 个点比较来确定。具体而言，当该像素处于高斯金字塔一组不同层的中间位置时，会将相同尺度的不同层的图像进行比较；当其位于高斯金字塔一组的上下边界时，则不会进行比较。如图 3.16 所示，在图像中的任一像素会与在同层上该像素周围的 8 个相邻点、上下相邻层对应位置的 9×2 个点（一共 26 个点）进行比较。这种方法选取的关键点在金字塔不同尺度空间及该图像本身之中都是极值点。在手势识别中，这初步确定了手势的边缘或者明暗差距较大的特征点。

② 调整关键点。

在上一步中获得的点只是在离散空间中的粗略局部极值点，并不一定是真正的极值点。为了获取更为稳定的关键点，需要在尺度空间利用差分函数进行曲线插值，以实现对关键点的调整。具体而言，在差分金字塔的尺度空间进行二次泰

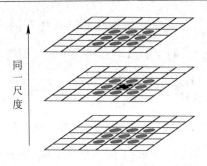

图 3.16　关键点的初步确定[18]

勒展开，即在任意一个极值点 (x_0, y_0, σ_0) 处进行泰勒展开并舍掉二阶项以后的结果，通过求取极值的方式确定偏移量。经过插值处理后的关键点其插值中心已经偏移到它的邻近点上。重复上述步骤，在新的位置上反复插值直到收敛，这样可以使确定的关键点更为稳定。然而，在这个过程中，有可能存在设定的迭代次数内还未收敛或者新的极值点超出图像边界的范围的点，这样的极值点就需要被移去。

③ 去除边缘效应。

因为差分计算相当于图像的一阶导数，主要描述了图像灰度变化，因此高斯差分算子会产生较强的边缘响应，但其中会存在不稳定的边缘响应点，需要借助二阶导数进行剔除。图像的二阶导数（即主曲率）主要描述图像的灰度梯度的变化情况。如果在该极值点位置横跨梯度方向主曲率较大，而在垂直梯度方向主曲率较小，则这样的极值点就是不稳定的边缘响应点，需要进行剔除。主曲率通过一个 2×2 的 Hessian 矩阵 $\boldsymbol{H}$ 求出：

$$\boldsymbol{H} = \begin{bmatrix} \dfrac{\partial^2 f}{\partial x \partial x} & \dfrac{\partial^2 f}{\partial x \partial y} \\[3mm] \dfrac{\partial^2 f}{\partial x \partial y} & \dfrac{\partial^2 f}{\partial y \partial y} \end{bmatrix} \tag{3.6}$$

主曲率和 Hessian 矩阵 $\boldsymbol{H}$ 的特征值成正比，$\boldsymbol{H}$ 的特征值 α 和 β 代表 x 和 y 方向的梯度。令 α 为最大特征值，β 为最小的特征值，而边缘不稳定的特征点恰恰就是 α 和 β 相差较大的点。换句话说，剔除不稳定的边缘效应点就是将两个特征值相等或者接近相等的点保留下来。这个过程可以利用矩阵的迹与矩阵的行列式进行求取。矩阵 $\boldsymbol{A}$ 主对角线上各个元素的总和被称为矩阵 $\boldsymbol{A}$ 的迹，记作 $\mathrm{tr}(\boldsymbol{A})$。迹也是所有特征值的和。主对角线是矩阵从左上方至右下方的对角线。这样可以通过 Hessian 矩阵特征值，将主曲率与矩阵的迹和矩阵的行列式联系起来。

假设 H 的特征值为 α 和 β，且 $\alpha > \beta$。令 $\alpha = r\beta$，则有：

$$\frac{\text{tr}(H)^2}{\det(H)} = \frac{(\alpha+\beta)^2}{\alpha\beta} = \frac{(r\beta+\beta)^2}{r\beta^2} = \frac{(r+1)^2}{r} \tag{3.7}$$

其中 $\det(H)$ 是矩阵 H 的行列式。因为 $\alpha > \beta$，当 $\alpha = r\beta$ 时 $r > 1$，所以上述公式的值在 α 和 β 两个特征值相等时（即 $r = 1$ 时）最小，随着 α 和 β 两个特征值的比值增大，上述公式的值增大。如前所述，边缘不稳定的点出现在 α 和 β 相差甚大之时，因此上述公式的值越大，说明 α 和 β 两个特征值相差越大。为了除去这样不稳定的边缘响应点，通常将上述公式的比值与设置的阈值进行比较，当满足 $\frac{\text{tr}(H)^2}{\det(H)} < \frac{(r+1)^2}{r}$ 时即符合要求，其中 r 为自定义参数，一般取 $r = 10$。

（3）为关键点赋予方向。

经过上述几个步骤，可以得到稳定的关键点。但此时关键点会随着图像的旋转而发生变化，不具有旋转不变性。为了使获得的 SIFT 具有旋转不变性，需要利用局部梯度特征为每个稳定的关键点赋予一个基准方向。对于在高斯差分图像金字塔中检测出的关键点，统计以特征点为圆心、以其高斯滤波图像尺度的 1.5 倍为半径的圆之中所有像素的梯度方向和幅值。统计区域内所有像素的梯度方向及其梯度幅值是利用直方图的方式实现的，统计时还需要进行高斯加权。梯度直方图以 $10°$ 为一间隔，将 $0° \sim 360°$ 分为 36 个方向区间。直方图的峰值方向代表了关键点的主方向，直方图的次峰值方向代表了关键点的辅方向，但是辅方向的确定需要满足该梯度幅值和大于等于峰值的 80% 的要求。如图 3.17 所示，在确定主方向后，会将该滤波半径内的整个区域旋转至主方向上。

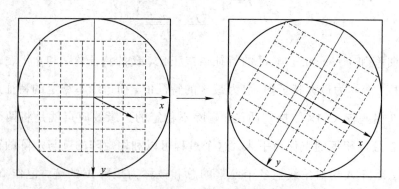

图 3.17　SIFT 特征关键点的方向旋转

（4）构建关键点描述子。

在确定了每个关键点的坐标、尺度以及方向后，就可以开始根据这些信息获得描述子。构建关键点描述子与为关键点赋予方向两部分是相辅相成的，因为 SIFT 特征是经过梯度直方图统计找到主方向并将特征转向主方向，关键点描述也是以主方向为起始方向对局部特征进行描述。两者的计算方式相似，在构建关键点描述子时也需要对关键点邻域内的像素进行统计，以保证生成的描述子更具稳定性。因此构建关键点描述子首先要计算所需区域的大小。区域大小的计算方式实际是灵活的，本节采用下列公式计算所需的图像区域的半径：

$$r = \frac{3\sigma \cdot \sqrt{2} \cdot (d-1)}{2} \tag{3.8}$$

其中 d 表示子区域的个数，计算结果四舍五入取整。

在文献[18]中，Lowe 提出当生成 4×4 维的梯度方向直方图（即 $d=4$）的时候，SIFT 描述子具有最好的区分度。以图 3.18 为例，将 8×8 的邻域范围作为特征描述的范围，由此可生成 2×2 的梯度直方图，每个直方图内都有 8 个方向，即得到了 $2 \times 2 \times 8 = 32$ 维特征向量。以此类推，为了增加 SIFT 特征的鲁棒性以及抗噪能力，将特征描述的范围设置为 16×16，亦即生成 4×4 的梯度直方图，每个梯度直方图内同样有 8 个方向，由此得到了 $4 \times 4 \times 8 = 128$ 维 SIFT 特征向量。

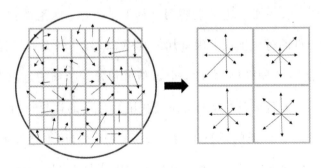

图 3.18　SIFT 描述子[18]

由于 SIFT 具有旋转、尺度缩放、亮度不变性，是一种非常稳定的局部特征，且在纯手势图像中，可以利用 SIFT 稳定获取手指边缘上的关键点，因此 SIFT 特征也被广泛用于手势识别领域。2012 年，Gurjal 和 Kunnur[19] 首先提取手势图像的 SIFT 特征，再与手势模板库中的模板进行匹配，完成对手势的识别，如图 3.19所示。在手势识别关键点的提取过程中，每个样本为关键点赋予方向都通过其梯度幅度和高斯加权的圆形窗口加权的形式获取，随后利用梯度方向直方图获取局部区域内的稳定特征，并利用方向直方图中的峰值方向作为该位置 SIFT 特征的主导方向的。该位置特征的方向是以直方图的最高峰和该峰高 80％ 以内的任何其他局部峰共同作为该特征点的方向的。如果存在多个相似幅度的峰，则将为某些点分配多个方向。高斯分布适合最接近每个峰的三个直方图值，通过内抽峰位置可获得更好的精度。

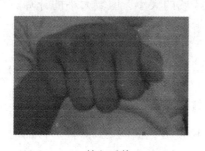 

(a) 输入手势 　　　　　(b) 手势的 SIFT 特征 　　　　(c) 对应识别结果

图 3.19　基于 STFT 特征的手势识别过程

3.2.4　SURF 特征

加速稳健特征（Speeded Up Robust Features，SURF）是 Bay 等人[20]提出的一种特征描述子。该特征描述子主要用于检测、描述、匹配图像的局部特征点，并且在计算特征点的时候把尺度因素加入其中。SURF 的提取过程可以视为加速版的 SIFT，它借鉴了 SIFT 中高斯差分近似替代拉普拉斯的近似简化思想，但并非直接利用高斯差分直接进行运算，而是利用简化后的模板进行运算的。滤波模板的简化使得 SURF 特征的运算速度比 SIFT 特征的运算速度要快数倍，而且 SURF 特征的综合性能更优，其中最为关键的优化是在 Hessian 中利用积分图加速运算。SIFT 算法是建立一幅图像的金字塔，在每一层进行高斯滤波并求取图像差分金字塔（Difference of Gaussian，DoG）进行特征点的提取。而 SURF 则用的是 Hessian 矩阵进行特征点的提取，因此 Hessian 矩阵的构建是 SURF 算法的核心。这里着重对 Hessian 矩阵的构建方法进行介绍。

以二维图像为例，一阶导数是图像灰度变化，即灰度梯度，二阶导数（即 Hessian 矩阵）就是灰度梯度变化程度。二阶导数越大，说明灰度变化越有可能是非线性的，因此将二阶矩阵用于图像的异常点检测。在公式(3.6)中，我们给出了图像中某个像素点 Hessian 矩阵的定义。Hessian 矩阵可以描述像素点周围像素梯度大小的变化率，如果该像素值为极值时则认为该像素点是生成图像的稳定边缘点。与 SIFT 去除边缘效应点方法的原理相似，Hessian 矩阵的特征值 α 和 β 代表 x 和 y 方向的梯度。令 α 为最大特征值，β 为最小的特征值，α 和 β 相差越大，像素波动越大，说明该点为不稳定点的可能性越高。该方法利用 α 和 β 两个特征值量化像素点的稳定程度，利用特征值相乘将波动情况与行列式的值进行关联。具体如公式(3.9)所示：

$$\det(\boldsymbol{H}) = \alpha\beta = \frac{\partial^2 f}{\partial x^2}\frac{\partial^2 f}{\partial y^2} - \left(\frac{\partial^2 f}{\partial x \partial y}\right)^2 \tag{3.9}$$

SURF 特征具体的计算方法和 SIFT 算法的基本过程相似，也可以分为四个步骤：构建尺度空间、定位关键点、确定特征点方向和生成特征描述子。

1. 构建尺度空间

SURF 特征的尺度空间同样是由 O 组 S 层组成，不同的是，SIFT 算法构建的是图像金字塔，不同组图像的尺度不同（即后一组图像的长宽是上一组图像的长宽的一半），同一组图像尺度相同，不同层图像的高斯核的系数逐渐增大；而在 SURF 算法中，不同组的图像的尺度也是一样的，改变的只是高斯核的系数。所以 SURF 其实建立的是滤波器金字塔。该方法避免了对图像进行降采样的过程，从而加快了特征的提取速度。滤波器所用的高斯核服从正态分布，从滤波器中心点往外，系数越来越低。在计算过程中为了提高运算速度，SURF 在构建尺度空间时用盒式滤波器来近似替代高斯滤波器。因此在计算过程中在 $\frac{\partial^2 f}{\partial x \partial y}$ 上乘了一个 0.9 的加权系数，目的是减少盒式滤波器所带来的误差，即将公式(3.9)变为

$$\det(\boldsymbol{H}) = \frac{\partial^2 f}{\partial x^2}\frac{\partial^2 f}{\partial y^2} - \left(0.9 \times \frac{\partial^2 f}{\partial x \partial y}\right)^2 \tag{3.10}$$

图 3.20 中给出了用盒式滤波器替代高斯滤波器的两个示例。其中箭头上方两幅图给出的是采用 9×9 高斯滤波器模板分别在图像上求二阶导数 $\frac{\partial^2 f}{\partial y^2}$ 和 $\frac{\partial^2 f}{\partial x \partial y}$ 的结果，箭头下方两幅图则是使用盒式滤波器对高斯滤波器的近似，其中灰色部

分的像素值为 0，黑色部分值为－2，白色部分值为 1。可以看到，通过盒式滤波器可以将一个较为复杂的卷积滤波转化为图像不同区域间像素的加减运算问题，在很大程度上降低了问题的复杂度。而这就可以发挥积分图的优势，仅需要几次简单查找积分图就可以完成运算，从而在很大程度上提高了构造尺度空间的速度。

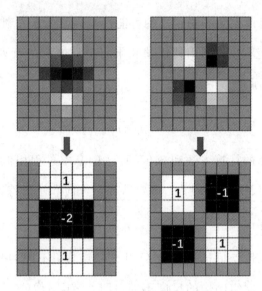

图 3.20　高斯滤波模板示意图[20]

2.定位关键点

SURF 关键点的定位过程与 SIFT 的关键点定位过程相似。在经过盒式滤波处理后，对每一个像素，都需要将其与二维图像空间和尺度空间邻域内的 26 个像素点进行比较，从而获得粗略关键点。随后，利用三维线性差值法进行迭代直至收敛以获得更为稳定的特征点。需要注意的是，和 SIFT 关键点的定位方式不同，由于 SURF 利用 Hessian 矩阵的行列式来选取关键点，在选取过程中已经考虑到了边缘的影响，因此无须另外进行剔除边缘响应点。

3.确定特征点方向

在确定特征点的方向时，与 SIFT 相似，SURF 同样对特征点分配一个主方向。然而，不同于 SIFT 统计像素邻域内的梯度直方图的思路，SURF 的主方向统计的是特征点圆形邻域内的 Haar 小波特征。具体而言，就是在以关键点为中心，以一定大小的角度为间隔统计其圆形邻域内所有点的水平和垂直方向上 Haar 小波特征值之和，并给这些特征值赋予高斯权重系数，使得靠近特征点的响应贡献较大，而远离特征点的响应贡献较小。然后将一定角度范围内的特征相加形成新的矢量，遍历整个圆形区域，选择最长矢量的方向为该特征点的主方向。

4. 生成特征描述子

在生成 SURF 特征描述子时，需要计算图像的 Haar 小波响应。在进行特征描述子的计算时，首先在特征点周围划取一个 4×4 的区域块，并将该矩形块旋转至所描述特征点的主方向的方向上。随后计算 Haar 小波水平方向值、Haar 小波垂直方向值、Haar 小波水平方向绝对值以及 Haar 小波垂直方向绝对值 4 个特征值之和，并将其作为最终的特征值[21]。由此得到的 SURF 特征描述子不但具有尺度和旋转不变性，还具有光照不变性。

SURF 特征在手势识别的用法也与 SIFT 类似。2011 年 Bao 等人[22]利用 SURF 特征来跟踪手部的运动情况。首先，由于特征点在整个手势序列中不会保持不变，因此该算法着重通过相邻帧间中匹配的特征点进行配对相连，反映出手势的大致运动方向，并通过手势的运动方式进行手势的分类。随后，计算主要运动方向并将其选择为手势表示的运动特征。然后，采用鲁棒高效的 SURF 算法提取显著特征点，以确保匹配 SURF 点在相邻帧中的总体运动能够准确表征手势运动。相邻帧中匹配的 SURF 特征点的主要运动方向用于帮助描述手部轨迹，在经过动态时间规整后(将在 3.3.3 小节中介绍)，通过一系列轨迹方向数据流对动态手势进行建模。最终，得到了基于 SURF 特征相关性分析的数据流聚类识别动态手势的方法。

3.2.5　HOG 特征

方向梯度直方图（Histogram of Oriented Gradient，HOG)特征是 Dalal 和 Triggs[23]提出的一种图像特征。顾名思义，该特征通过计算图像局部梯度方向直方图得到。HOG 特征的一个特点是能够对几何变化和光学形变保持不变性。由于 HOG 特征既可以将手势边界信息表现出来，而且对环境的变化也具有很强的鲁棒性，因此在静态手势识别中有很多应用[13,15,24,25-26]。

HOG 特征的主要思想是：图像中局部目标的特征可以通过梯度或边缘的方向密度来描述。这是因为梯度主要存在于边缘区域。在实际操作中，一般会将图像划分为小的区域，这些像素区域称为细胞单元(cells)，并计算每个细胞单元中梯度方向(或边缘方向)直方图。同时，为了保证结果对光照和阴影具有更强的鲁棒性，还需要将细胞单元组成更大的块(blocks)，并对其进行直方图对比度归一化实现[23]。块除了拥有更大的感受野外，相邻块之间是有重叠的，这样有效地利用了相邻像素的信息。这些归一化的块被称为 HOG 描述子，将检测图像中的所有 HOG 描述子组合起来就形成了最终的 HOG 特征向量。图像、细胞单元和块的关系如图 3.21 所示。

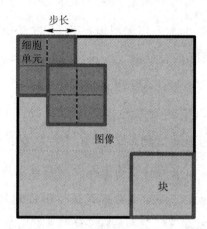

图3.21 图像与 HOG 特征的块、细胞单元的关系

提取 HOG 特征的具体步骤如下：

(1) 灰度化。这一步针对的是彩色图像。由于 HOG 特征是一种纹理特征而非色彩特征，因此为便于处理，首先将彩色图转为灰度图。

(2) 亮度增强。亮度增强的过程一般通过 Gamma 校正实现。因为人眼对亮度的感知和图像本身的亮度不成正比，而是幂函数的关系，因此 Gamma 校正也通过这样一个幂函数实现。该函数可形式化描述为

$$L = P^{\gamma} \tag{3.11}$$

其中 L 表示人眼亮度感知效果，即 Gamma 校正后的图像，P 表示输入图像。γ 为该幂函数的指数，通常取值为 2.2，称为 Gamma 校正的 Gamma 值。

(3) 计算图像像素的梯度。根据公式(3.12)分别从水平方向和垂直方向计算像素的梯度值，并据此计算像素点 (x, y) 的梯度幅值和梯度方向。

$$G_x(x,y) = I(x+1,y) - I(x-1,y)$$

$$G_y(x,y) = I(x,y+1) - I(x,y-1)$$

$$G(x,y) = \sqrt{G_x(x,y)^2 + G_y(x,y)^2}$$

$$\theta = \arctan\left[\frac{G_y(x,y)}{G_x(x,y)}\right] \tag{3.12}$$

其中 $G_x(\cdot)$ 和 $G_y(\cdot)$ 表示水平方向和竖直方向的梯度，$I(\cdot)$ 表示像素点的亮度值。θ 表示两个方向的夹角。

（4）统计梯度方向。首先计算好梯度方向与梯度幅值，再对梯度方向进行统计，得到整幅图像的梯度方向直方图。在实际计算时，将整幅图像划分为多个块，每个块又分为多个细胞单元，再统计每个块、细胞单元内的梯度方向。

（5）对比度归一化。由于局部光照的变化，以及前景和背景在对比度上的不同，整幅图像的梯度变化会非常大，因此需要对计算得到的直方图进行归一化来进行平衡。由于 L2 范数简单且在检测中效果相对较好，故一般采用 L2 范数进行归一化。

如上所述，HOG 特征在包括手势识别在内的各种目标识别和检测问题中均有着较为广泛的应用。Kone čný等人[24]通过观察数据集细节描述子的特定空间位置，尤其是在同一批用户中位置不会改变的事实，也就是相同手势的重要部分也将大致在同一位置发生。基于表演者在演示手势时位置一般不会发生改变的先验，假设相同手势的重要部分也将大致在同一位置发生，并用 HOG 特征来描述手势变化的位置信息。

Kone čný等人[24]通过局部灰度梯度（或边缘）方向的分布来很好地表征局部对象的外观和形状。该方法中将梯度方向划分为 0°至 180°之间的 16 个方向。利用 40×40 像素大小的细胞单元和 80×80 像素大小的块计算直方图。除了图像边界上的 4 个细胞单元以外，每个细胞单元都隶属于 4 个块，因此对于每个细胞单元，都可以得到 4 个局部归一化直方图，其总和即作为该细胞单元的最终直方图。值得说明的是，由于对图像边界无法直接进行直方图归一化操作，考虑到一般手势不会出现在图像的边界区域，为方便实现，文献[24]在提取 HOG 特征时将这一部分区域省略了。事实上，通过对图像边界位置通过对称填充（symmetric padding）或补零填充（zero padding）等方式可以使得这些边界区域的像素具备和图像中心位置相同的邻域空间，从而同样可以进行直方图归一化操作。

图 3.22 给出了提取手势图像的 HOG 特征的一个示例。在图 3.22（b）的 HOG 特征图中，可以看出每个单元内梯度方向集中的范围对应于图 3.22(a)中的人体边缘。图中 A 框 HOG 特征对应于人手臂下垂的区域，其梯度也是竖直方向的；而 B 框则对应手臂的弯曲区域，其梯度方向也呈现出一定的角度。

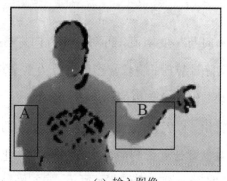
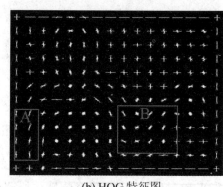

(a) 输入图像　　　　　　　　　　　　　　(b) HOG 特征图

图 3.22　HOG 特征提取效果[24]

在手势识别中将 HOG 特征用作边缘特征描述的方法还有很多。Kaaniche 等人[25]构建了用于手势识别的 HOG 轨迹描述子。首先，在场景中的每个人选择基于纹理的特征点，以确定用于计算 HOG 描述符的纹理区域。其次，定义一个计算 2D 描述符的邻域，随后跟踪这些 2D HOG 描述符以建立时间 HOG 描述子。最后，通过分类器对提取的局部运动描述子进行分类以学习一组给定的手势。Feng 等人[26]利用支持向量机训练这些 HOG 特征向量。而在参数的选择上，Feng 等人将图像大小选择为 200×240，将窗口大小选为 28×28，块的大小为 14×14，步长为 7×7，细胞单元大小取 7×7，直方图间隔取 9。

3.2.6　HOF 特征

光流方向直方图（Histograms of Oriented Optical Flow，HOF）[27]也是一种常用的手势识别特征。与 HOG 类似，HOF 特征也是在计算直方图，只不过是对光流方向而非原始图像进行加权统计。光流可以描述运动的变化方向，但由于其对背景光照等变化也十分敏感，因此需要寻找一种既能表征时域变化信息，又对光照等干扰因素不敏感的特征。HOF 特征恰好能满足以上要求。HOG 特征的计算过程与 HOG 类似，唯有 HOF 统计光流而非梯度方向。

在得到光流图之后，就需要对光流方向进行统计。统计过程也和 HOG 统计过程类似。如公式(3.13)所示，首先计算光流矢量及其与横轴的夹角，并根据角度值将其投影到对应的直方图间隔中，通过计算该光流的幅值进行加权。由于 HOF 直方图是通过光流幅值加权得到的，因此小的背景噪声对该特征基本没有影响。

$$\boldsymbol{v}=\begin{bmatrix} x, & y \end{bmatrix}^{\mathrm{T}}$$
$$\theta=\arctan(y/x)$$

(3.13)

作为一种描述动态变化的特征，HOF 特征同样在手势识别领域有着许多应用。3.2.5 节中提到的 Konečný 等人的方法[24] 在利用 HOG 特征确定边缘特征的同时，还利用 HOF 特征进行时间特征的提取，以确定相邻帧间的运动信息。通过对运动信息的统计，从而确定每个块的运动方向信息，进而同时从空域和时域对手势的变化进行描述。

3.2.7　小结

在 3.2.1 到 3.2.6 节中，我们介绍了六种常见的手工特征。这些特征在手势识别的方法中均有所应用。在实际应用中，需要结合应用场景以及数据集的特点来考虑进行特征提取。例如，静态手势可以利用 Haar-like、SIFT、SURF 以及 HOG 等特征，而动态手势则需结合 HOF 特征，纹理特征更多使用的是 LBP 特征等。这些特征往往并不是单独使用，一般都是通过结合不同特征的方式来获取更为全面的手势描述。

3.3　手势识别

在完成对输入图像或视频的预处理及手部区域的特征提取之后，就可以对手势进行识别。常见的手势识别方法有以下几种，包括通过模板匹配实现静态手势识别、通过有限状态机和动态时间规整实现动态手势识别等。

3.3.1　模板匹配

图像的模板匹配是指通过图像之间的比较得到不同图像之间的相似度，并根据相似度进行分类的一种方法。模板匹配主要用在静态手势识别任务当中，通过模板在采集到的原图像进行滑动寻找与模板图像相似的目标。一般模板匹配是基于图像的灰度进行匹配。其基本原理是对图像中和模板大小一致的像素块逐个扫描，并将其与模板按照一定的相似性度量函数进行比较和匹配。相似性度量函数一般可取均方误差函数：

$$D = \sum_{m=1}^{M} \sum_{n=1}^{N} \left[S(m,n) - T(m,n) \right]^2 \tag{3.14}$$

其中 m 和 n 代表像素的水平和垂直方向的坐标索引，S 和 T 分别为待测图像块和模板。由于对整幅图像进行模板匹配效率较低，因此一般可以通过前一小节所提到的方法首先提取特征或进行特征降维，再计算特征的相似度，就可以在很大程度上提升匹配算法的效率。

模板匹配在手势识别上也有着一定的应用。李文杰[28]将模板匹配用在交警交通指挥手势的识别上。该方法首先通过对交通警察手势图像进行图像背景减法操作，将手部区域分割出来，随后利用图像形态学处理等方法，对交警手势图像进行二值化处理，获得相应的手部轮廓，并利用拓扑细化算法，生成最终的手部区域的骨骼数据。在获得骨骼数据之后，该方法会标记骨骼区域对应的像素点位置，生成对应的波形图，并将该波形图与原始视频的每一帧对应起来，并基于此找出波峰、波谷位置所对应的视频帧，将其作为手势的关键帧，最后使用Hausdorff距离模板匹配思想，将待识别手势的特征参数与预先存储的模板特征参数进行匹配，求出它们的 Hausdorff 距离，根据与不同模板的距离差异来完成最终的手势识别。

3.3.2 有限状态机

有限状态机(Finite-State Machine，FSM)又称有限状态自动机(Finite-State Automation，FSA)，简称状态机，是通过有限个数的状态及其间的动作转移来描述时序逻辑的一种数学模型。简单来说，状态的转换需要相应的事件执行相应的动作。以乘坐电梯为例，需要按下电梯按钮(事件)，电梯运行至对应的楼层，打开电梯门(动作)，电梯门又关闭(状态)变为打开(转换)。所以状态机则需要状态、事件、动作、转换四大概念：

(1) 状态。一个状态机至少需要两个状态。例如自动门有打开和关闭两个状态。

（2）事件。事件是执行某个操作的触发条件或者口令。对于上述电梯门的案例，按下开门的按键就是一个事件。

（3）动作。事件发生以后要执行动作。例如对按下开门的按键这一事件，对应的动作是"开门"。

（4）变换。也就是从一个状态变化为另一个状态。例如"开门过程"就是一个变换。

一个手势状态可以认为是时空信息在指定轨迹上的一定方差范围内的运动和速度。在训练阶段，状态可用于分割数据并在时间上对它们进行自动对齐。在获取到脸和手部的位置后，就将手势建模为时空中的状态序列，每个状态都被建模为多维高斯模型。假设手势的轨迹是在空间上分布的点集，数据的分布可以由一组高斯空间区域表示，选择一个阈值来表示每个状态允许的空间差异，这些阈值根据有关用户手势的数据和先验信息进行计算，确定手势的空间差异。

这里的状态 S 可以用一个五元组表示：

$$\langle \mu_s^e, \Sigma_s, d_s, T_s^{\min}, T_s^{\max} \rangle \tag{3.15}$$

其中 μ_s^e 是状态的重心，Σ_s 为空间协方差矩阵，d_s 是距离阈值，x^e 是二维空间上的点，也就是输入的位置数据，$[T_s^{\min}, T_s^{\max}]$ 表示持续的时间间隔。一个状态及其相邻状态的时空信息指定了轨迹在一定方差范围内的运动和速度。从数据到状态 S 的距离定义为马氏距离：

$$D(x^e, S) = \sqrt{(x^e - \mu^e)\Sigma_s^{-1}(x^e - \mu^e)^T} \tag{3.16}$$

在训练时，具体可分为以下两个阶段：

第一阶段（空间聚类）：在开始时，假设每个状态的方差是各向同性的。从两个状态的模型开始离线训练，可以使用每个手势的多个样本作为训练数据，并在用户要求时连续不断地重复这些手势。训练时以动态 k-means 算法提取特征，获得头部和双手的位置信息，并将其作为一个状态。当误差很小，会以大于所选阈值的最大方差来分割状态。在所有状态的方差都下降到阈值以下之后，训练停止。对于属于状态 S 的数据子集，计算数据到状态中心的距离的均值 μ 和方差 σ^2。状态 S 的距离阈值 d_s 被设置为 $\mu + k\sigma$。在学习了空间信息之后，就可以进行时间对齐。

第二阶段(时间对齐)：为每个数据点分配一个与其所属的状态相对应的标签。因此我们获得了与数据序列相对应的状态序列。通过手势状态的时间序列，可以获得手势的 FSM 结构。目前持续时间间隔$[T_s^{\min}, T_s^{\max}]$是通过计算训练数据上每个状态的最小和最大样本数来设置的。由于用户可能会无限期地停留在 FSM 的第一状态，因此要将 $T_0^{\max}$ 设置为无限。在完成数据对齐后，即可进行训练。

以"挥动左手"手势为例，如图 3.23 所示，其一个周期的状态序列为[1 2 0 2 1]。根据这个周期所包含的状态，就可以将一段连续的手势序列分割成若干个状态的样本。例如，[1 1 1 2 2 2 2 0 0 0 0 2 2 2 1 1]的样本包含五个状态，每个状态分别有 3、4、4、3、2 个样本。状态中的样本数量与状态的持续时间成正比。所有手势状态都以这种方式对齐，从而使不同手势具有相同的状态序列(如图 3.24 所示)，只是每个状态的样本数不同。

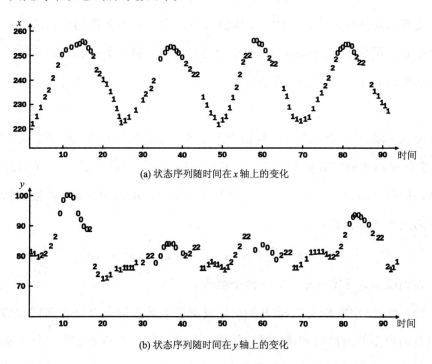

(a) 状态序列随时间在x轴上的变化

(b) 状态序列随时间在y轴上的变化

图 3.23 "左手挥动"手势状态序列图[29]

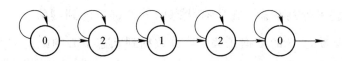

图 3.24 "左手挥动"手势的状态序列转移过程[29]

在实践中，考虑到不同状态的持续时间可能不同，一般会将可变延迟时间引入 FSM 以处理这种复杂情况。如果数据样本不符合 FSM 模型的当前状态，则该模型将停留在当前状态并增加自身延迟时间值。如果自身延迟时间的值大于固定的小阈值，则会重置 FSM 模型。

当 FSM 的所有状态都通过时，即表示完成了一次识别。FSM 通过检查当前时间点的数据样本，使用存储在其中的上下文信息进行识别。手势识别器 g 的上下文信息可以表示为

$$g = \langle S_k, t \rangle \tag{3.17}$$

其中 S_k 是识别器 g 的当前状态，t 是识别器停留在 S_k 的时间。由于 FSM 是有序状态序列，因此 S_k 存储了轨迹的历史记录。当新的数据样本 x 到来时，如果满足以下条件之一，则会发生状态转换：

$$\begin{cases} (D(x, s_{k+1}) \leqslant d_{k+1}) \& (t > t_k^{\max}) \\ (D(x, s_{k+1}) \leqslant d_{k+1}) \& (D(x, s_{k+1}) \leqslant D(x, s_k)) \& (t > t_k^{\max}) \\ (D(x, s_{k+1}) \leqslant d_{k+1}) \& (D(x, s_k) \geqslant d_k) \end{cases} \tag{3.18}$$

其中 $D(\cdot)$ 为公式(3.16)中的马氏距离，d_k、d_{k+1} 为对应位置的阈值，$t_k^{\max}$ 为对应时间的阈值。如果数据样本恰巧导致一个以上的手势识别器触发，则存在歧义，即无法明确判断手势究竟属于哪个类别。为了解决歧义，一般选择与输入手势的平均累计距离最小的类别作为手势的类别，其计算方法为

$$\text{Gesture} = \arg\min_g \left(\sum_{i=1}^{n_s} \frac{D(x_i^o, s_{gi})}{n_g} \right) \tag{3.19}$$

其中 s_{gi} 是数据样本 x_i^o 所属的手势 g 的状态，n_g 是手势 g 的识别器接收到当前时间点的数据的数量。

2000 年 Hong 等人[29]提出了一种利用有限状态机来识别手势的方法。他们首先将每个手势定义为空域和时域当中的有序状态序列，利用 3.1 节提到的基于肤色特征的分割方法确定用户的头部和双手的位置，将用户的头部和双手中心的 2D 坐标作为空间特征，并从给定手势的训练数据中学习空间信息，然后将数据在时域上进行对齐，以构建 FSM 识别器。Davis 和 Shah[30]将有限状态机应用于手势识别领域，他们提出了一种基于模型的方法来识手势。该方法将 FSM 用于对通用手势的四个不同阶段的建模：① 静态起始位置；② 手和手指的平稳运动，直到手势结束；③ 静态终点位置；④ 使手平稳运动回到起始位置。

3.3.3　动态时间规整

动态时间规整(Dynamic Time Warping，DTW)可以计算两个时间序列的相似度，尤其适用于长度不同、节奏不同的时间序列。在手势识别中，由于不同表演者在演示同一手势时所用的时间长度并不相同，因此 DTW 很适合用于对手势的动作变化建模。

在进行手势识别时，DTW 会将输入手势产生的单个序列元素与类模板序列的各个组件相关联。假设有动作序列 1—1—3—3—2—4 和模板序列 1—3—2—2—4—4 两个不同的序列，两者各代表一个手势。若两者表示同一类手势，在计算两者的距离时，我们希望算出的距离越小越好，这样把两个序列识别为同一手势的概率就越大。通过这样的方法，就可以将同一类手势归为一类。

对于上述案例中的两个序列，计算其欧氏距离，即计算两者各个对应点之间的距离之和，可得结果为 6。这样，就得出了两者并非一个手势的结论。然而事实并非如此。实际上，动态时间规整允许序列中的一个点与另一序列当中的多个连续点相对应(即把这个点所代表的动作时间延长)，然后再计算对应点之间的距离之和。如图 3.25 所示，动作 2(1)与动作 1(1)、动作 1(2)相对应，动作 2(2)与动作 1(3)、动作 1(4)相对应，动作 1(5)与动作 2(3)、动作 2(4)相对应，动作 1(6)与动作 2(5)、动作 2(6)相对应，由此可以得到欧氏距离为 0，说明两者是一种手势，这个结果才是与事实相符的。

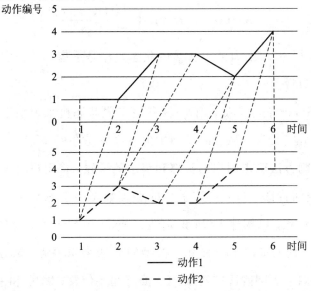

图 3.25　利用动态时间规整进行动作匹配的示例

Corradini[31] 通过头和肩膀的外形轮廓以及可见的肌肤区域和面部的颜色确定人脸与手部的相对位置，进而通过 DTW 进行手势识别。首先他们通过固定头部的质心选择合适的坐标系，再进行线性重缩放，避免图像尺度对结果造成影响。随后计算了双手重心的极坐标，并对沿 x 轴和 y 轴的手质心笛卡尔坐标进行速度的归一化。坐标如图 3.26 所示。

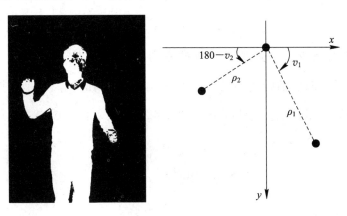

图 3.26　极坐标表示的头手相对位置关系[31]

在静态手势识别过程中，模板匹配是一种很简单的实现方式，然而对于动态手势中的时序关系，模板匹配很可能因为做动作人的习惯不同导致每个时间段内动作不一致。为此，如图 3.27 所示，Corradini 等人用数字表示每个动作的长短关系。其中横坐标表示时间，纵坐标表示动作编号。动态手势识别就可以先利用时间规整再进行匹配。为了减少匹配计算量，先利用 k-means 进行预分类，在知道哪些类别更为相近后，再进行匹配。

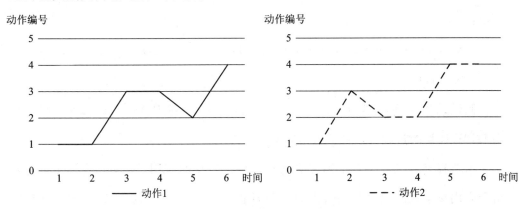

图 3.27　动作时间长短图例

在计算两个序列 X 与 Y 各个点之间的距离矩阵时，可用的距离计算方法有很多，这里他们使用欧氏距离 d，d 是 i 与 j 对应的手势序列上的序列点间的距离，其计算公式如下：

$$d_{ij} = (x_i - y_i)^2 \tag{3.20}$$

$$X_i = \{ x_1, x_2, \cdots, x_{T_1} \}, 1 \leqslant i \leqslant T_1 \tag{3.21}$$

$$Y_j = \{ y_1, y_2, \cdots, y_{T_2} \}, 1 \leqslant j \leqslant T_2 \tag{3.22}$$

其中，X_i 与 Y_j 是两个由连续点组成的序列数据，T_1 与 T_2 是两个序列的时间，两个序列的任意两点的距离构成距离矩阵。两个序列的距离就是计算矩阵左上角到右下角的最小累计和。累计距离 S 的计算公式如下：

$$S_{i,j} = \min \begin{cases} S_{i,j-1} + d \\ S_{i-1,j-1} + d \\ S_{i-1,j} + d \end{cases} \tag{3.23}$$

累计距离是根据递推规则计算的。总结来说，当前累计和等于前一步的最小累计和加上当前两个序列点的距离。当前两个序列点的距离为 d，计算累计和时它的前一步的累计和只可能为以下三者之一：

(a) 左边的相邻元素 $(i, j-1)$ 的累计和。

(b) 上面的相邻元素 $(i-1, j)$ 的累计和。

(c) 左上方的相邻元素 $(i-1, j-1)$ 的累计和。

经过上述分析，可以用递归算法求最短路径长度，计算方法如公式(3.24)所示：

$$S_{\min}(i,j) = \min\{S_{\min}(i,j-1), S_{\min}(i-1,j), S_{\min}(i-1,j-1)\} + D(i,j)$$
$$S_{\min}(1,1) = D(1,1) \tag{3.24}$$

假设动作序列 A 为 1—1—3—3—2—4，模板序列 B 为 1—3—2—2—4—4，则 DTW 计算的过程可由图 3.28 给出。

本节提到的三种手势识别方法均有着较为广泛的应用。在实际应用中，需要结合应用场景以及数据集的特点以及特征提取方法进行识别方法的选择。例如，静态手势可以利用模板匹配方式，与模板最为相近的手势则为分类手势；而动态手势可以利用有限状态机和动态时间规整等进行识别。有限状态机通过触发手势

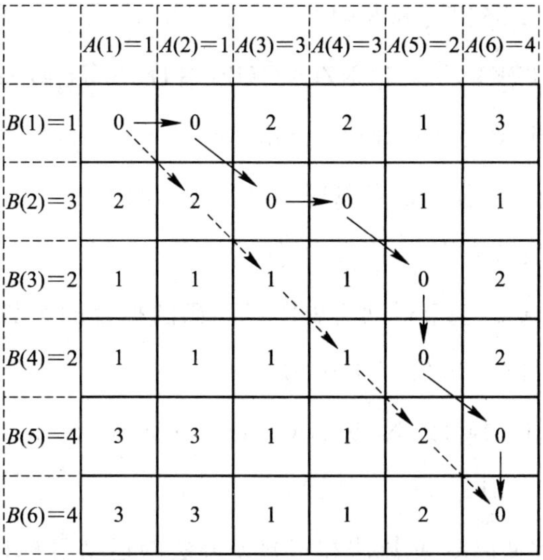

图 3.28　动态规整累计计算结果

识别器进行识别，当存在多种情况时则选择平均累计距离最小的手势。动态时间规整与模板匹配相似，选择累计距离最小的手势。

3.4　本　章　小　结

　　手势识别一直以来都是计算机视觉的主要研究领域之一。早期的手势识别方法大多是基于预处理—手工特征提取—手势识别这样的步骤进行。本章结合对这些手势识别方法的研究，梳理了较为常用、应用范围较广的手部区域分割、特征提取和手势识别的方法，读者可以结合具体的使用场景进行选择。

参 考 文 献

［1］　莫舒，杨小东. 手势分割方法研究综述［J］. 计算机光盘软件与应用，2013，16(11)：97-98.

［2］　王衡. 基于自适应活动轮廓模型的手势跟踪方法研究［D］. 兰州：兰州理工大学，2012.

［3］　林水强，吴亚东，陈永辉. 基于几何特征的手势识别方法［J］. 计算机工程

与设计，2014，35(2)：636-640.

[4] KASS M，WITKIN A，TERZOPOULOS D. Snakes：active contour models [J]. International Journal of Computer Vision，1988，1(4)：321-331.

[5] 刘文萍，贺娜. 一种新的背景减运动目标检测方法[J]. 计算机工程与应用，2011，47(22)：175-175.

[6] 史久根，陈志辉. 基于运动历史图像和椭圆拟合的手势分割[J]. 计算机工程与应用，2014，50(22)：199-202.

[7] HORN B K P，SCHUNCK B G. Determining optical flow[J]. Artificial intelligence，1981，17(1-3)：185-203.

[8] 谢红，原博，解武. LK 光流法和三帧差分法的运动目标检测算法[J]. 应用科技，2016，43(03)：23-27，33.

[9] SINCAN O M，KELES H Y. AUTSL：a large scale multi-modal turkish sign language dataset and baseline methods[J]. IEEE Access，2020，8：181340-181355.

[10] PAPAGEORGIOU C P，OREN M，POGGIO T. A general framework for object detection ［C］// Proceedings of International Conference on Computer Vision. IEEE，1998：555-562.

[11] LIENHART R，MAYDT J. An extended set of haar-like features for rapid object detection[C]//Proceedings of International Conference on Image Processing. IEEE，2002，I：900-901.

[12] HSIEH C C，LIOU D H. Novel Haar features for real-time hand gesture recognition using SVM[J]. Journal of Real-Time Image Processing，2015，10(2)：357-370.

[13] GHAFOURI S，SEYEDARABI H. Hybrid method for hand gesture recognition based on combination of Haar-like and HOG features［C］// Proceedings of Iranian Conference on Electrical Engineering. IEEE，2013：1-4.

[14] OJALA T，PIETIKÄINEN M. Unsupervised texture segmentation using feature distributions[J]. Pattern recognition，1999，32(3)：477-486.

[15] ZHANG Fan，LIU Yue，ZOU Chunyu，et al. Hand gesture recognition

based on HOG-LBP feature[C]// Proceedings of IEEE International Instrumentation and Measurement Technology Conference. IEEE, 2018: 1-6.

[16] WANG Jingzhong, XU Xiaoqing, LI Meng. The study of gesture recognition based on SVM with LBP and PCA[J]. Journal of Image and Graphics, 2015, 3(1): 16-19.

[17] LOWE D G. Object recognition from local scale-invariant features[C]// Proceedings of IEEE International Conference on Computer Vision. IEEE, 1999, 2: 1150-1157.

[18] LOWE D G. Distinctive image features from scale-invariant keypoints[J]. International Journal of Computer Vision, 2004, 60(2): 91-110.

[19] GURJAL P, KUNNUR K. Real time hand gesture recognition using SIFT[J]. International Journal of Electronics and Electrical Engineering, 2012, 2(3): 19-33.

[20] BAY H, TUYTELAARS T, VAN Gool L. SURF: speeded up robust features[C]// Proceedings of European Conference on Computer Vision. Springer, 2006: 404-417.

[21] FAN Peng, MEN Aidong, CHEN Mengyang, et al. Color-SURF: a SURF descriptor with local kernel color histograms[C]// Proceedings of IEEE International Conference on Network Infrastructure and Digital Content. IEEE, 2009: 726-730.

[22] BAO Jiatong, SONG Aiguo, GUO Yan, et al. Dynamic hand gesture recognition based on SURF tracking[C]// Proceedings of International conference on electric information and control engineering. IEEE, 2011: 338-341.

[23] DALAL N, TRIGGS B. Histograms of oriented gradients for human detection[C]// Proceedings of IEEE Conference on Computer Vision and Pattern Recognition. IEEE, 2005: 886-893.

[24] KONEČNÝ J, HAGARA M. One-shot-learning gesture recognition using HOG-HOF features[J]. The Journal of Machine Learning Research,

2014，15(1)：2513-2532.

[25] KAANICHE M B，BREMOND F. Tracking HOG descriptors for gesture recognition[C]// Proceedings of IEEE International Conference on Advanced Video and Signal Based Surveillance. IEEE，2009：140-145.

[26] FENG Kaiping，YUAN Fang. Static hand gesture recognition based on HOG characters and support vector machines[C]// Proceedings of International Symposium on Instrumentation and Measurement，Sensor Network and Automation. IEEE，2013：936-938.

[27] DALAL N，TRIGGS B，SCHMID C. Human detection using oriented histograms of flow and appearance[C]// Proceedings of European Conference on Computer Vision. Springer，2006：428-441.

[28] 李文杰. 基于骨架化和模板匹配的交通指挥手势识别[D]. 杭州：浙江工业大学，2011.

[29] HONG Pengyu，TURK M，HUANG T S. Gesture modeling and recognition using finite state machines[C]//Proceedings of IEEE International Conference on Automatic Face and Gesture Recognition. IEEE，2000：410-415.

[30] DAVIS J，SHAH M. Visual gesture recognition[J]. IEE Proceedings-Vision，Image and Signal Processing，1994，141(2)：101-106.

[31] CORRADINI A. Dynamic time warping for off-line recognition of a small gesture vocabulary[C]//Proceedings of IEEE International Conference on Computer Vision Workshops. IEEE，2001：82-89.

第 4 章　基于卷积神经网络的手势识别方法

传统的手势识别方法主要基于隐马尔科夫模型（Hidden Markov Model，HMM）、模板匹配算法和浅层神经网络等实现。然而，这些方法要么存在计算量大、识别速度慢的问题，要么依赖需要大量领域专家知识才能提取的手工特征，都难以应对日益复杂的手势识别任务。近些年来，卷积神经网络（Convolutional Neural Network，CNN）作为传统人工神经网络的改进版本，通过其特有的权值共享和局部连接方式，简化了网络结构，降低了训练成本。目前，CNN 已经受到了学术界和工业界的关注，并且在目标识别、目标检测和图像增强等领域发挥了重要的作用。本章主要探讨 CNN 在手势识别领域的应用。

4.1　深度卷积神经网络的发展概述

CNN 是受仿生生物学的启发演变而来的网络模型。20 世纪 60 年代，美国生物学家在对猫的视觉细胞进行研究时发现，猫的每一个视觉细胞都只会对图像的一小块区域而非整个区域进行处理。基于该发现，他们提出了局部感受野[1]这一概念。1982 年，日本科学家 Fukushima 等人[2]首次将局部感受野这一概念运用到 CNN 中，由此减少了神经元连接的数量，降低了网络的复杂度。1998 年，多伦多大学的 Lecun 等人[3]将 CNN 用于手写数字的识别，取得了很好的识别效果。不过，由于训练神经网络所需的软硬件资源都较为庞大，因此很难将 CNN 用于一些复杂的任务。这些缺陷使 CNN 一度走向沉寂。直到 2006 年，随着软硬件技术的不断发展，训练深层的神经网络成为可能，学术界才又兴起了研究 CNN 的热潮。2012 年，Krizhevsky 等人[4]提出的基于 CNN 的 AlexNet 在 ImageNet 大规模视觉识别竞赛（ImageNet Large Scale Visual Recognition Challenge，ILSVRC）中拔得头筹，正确率远超基于传统方法的第二名十余个百分点，由此引发了世界各国计算机视觉领域研究者对 CNN 的广泛关注。

在 2014 年的 ILSVRC 竞赛中，谷歌公司的 Szegedy 等人[5]提出了 GoogLeNet，通过设计多尺度卷积单元提取不同尺度的特征，将在 ImageNet 数据集上的识别错误率降至 6.67%。一年后，微软团队的 He 等人[6]提出了新的网络初始化方法和新的激活函数，进一步将错误率降低了两个百分点。在国内，研究者也对 CNN 在计算机视觉领域的应用进行了很多探索。针对场景中的目标实例分割（Instance Segmentation）任务，旷视科技团队基于级联卷积神经网络提出了一种新的实例分割框架[7]，该框架通过语义分割子网络来学习上下文信息，并通过多任务、多阶段的混合级联实现最终的分割。针对人体关键点检测问题，旷视科技团队提出了多阶段姿态估计卷积神经网络[8]。北京邮电大学的 Yang 等人针对人体姿态估计中细节特征不充分的问题，提出了一个端到端的 CNN——Parsing R-CNN 来实现实例级人体解析[9]。由此可见，CNN 已经逐渐在计算机视觉领域的研究中占据了主导地位。

4.2　深度卷积神经网络的基本操作

4.2.1　卷积神经网络的特点

相比传统神经网络，CNN 在处理图像数据时具有更大优势。一方面由于 CNN 结构更为简单，网络参数更少，因此训练更为容易；另一方面，由于卷积操作的对象是图像中的局部区域而非单个像素，因此 CNN 对图像的几何变换（如平移、旋转等）具有不变性。这些优势主要归功于卷积神经网络的三大特点[10]：局部连接、权值共享、下采样。

1. 局部连接

图像具有距离较近的像素间关系紧密、距离较远的像素间关联较弱的特点。这就是前面所提到的局部感受野的内涵。因此，基于局部感受野的概念，研究者提出了用局部感知方式代替全局感知方式的方法，即 CNN 中的每个神经元仅需要接收局部像素点的信息作为输入，随后在网络的更高一层将不同神经元处理得到的局部信息加以整合，由此得到全局信息。用这种局部连接方式能够大幅减少网络的参数。例如，假设网络的输入为一幅长、宽分别为 1000 像素的灰度图像，

则输入数据共有 $10^3 \times 10^3 = 10^6$ 个像素。若隐藏层（Hidden Layer）有 10^6 个神经元，则在采用全连接方式的情况下，会产生 $10^6 \times 10^6 = 10^{12}$ 个连接；若采用局部连接方式，当感受野大小为 $10 \times 10 = 100$ 个像素时，仅需要 $10^6 \times 10^2 = 10^8$ 个连接，其参数量仅为全连接方式的万分之一。两种连接方式的示意图如图 4.1 所示。

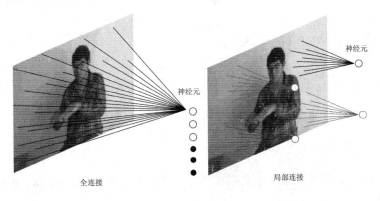

图 4.1　全连接方式与局部连接方式的差异示意图

2. 权值共享

即使 CNN 通过局部连接的方式，将参数量从 10^{12} 减少到 10^8，但这样的参数量依然过大，需要进一步降低。为了实现这个目的，CNN 还采取了权值共享策略。在上述局部连接网络中，隐藏层有 10^6 个神经元，每个神经元都对应了 100 个参数。如果这 10^6 个神经元所对应的 100 个参数都相同，则该层的参数就由 10^6 个缩减至 100 个。如图 4.2 所示，在使用权值共享的 CNN 中，网络参数的数量与输入图像的大小及隐藏层神经元的个数无关，只和感受野的大小有关。

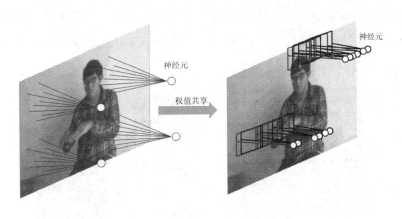

图 4.2　卷积神经网络的权值共享

3. 下采样

下采样(Down-sampling)操作是对图像不同位置的特征进行整合的一种方式，在 CNN 中一般通过池化层实现。下采样操作不仅能进一步减少网络训练参数，还降低了像素值变化对卷积结果的影响，进一步提升了网络的泛化能力。

4.2.2 卷积神经网络的基本结构

CNN 是一种受动物大脑神经网络结构启发而发展出来的分析和处理大量样本的网络，其主要结构包括输入层、卷积层、激活函数和池化层等。

1. 输入层

输入层一般用于处理原始数据或经过一些简单预处理后的数据。不同模态的输入数据所对应的结果也不一样。对音频或文字数据而言，通过输入层一般可得到一维张量(Tensor)；对于图像类数据来说，通过输入层可得到二维张量；而对于视频数据，通过输入层可得到三维张量。

2. 卷积层

卷积层是卷积神经网络中最重要的结构，它通过卷积操作来提取数据的特征。卷积操作通常通过公式(4.1)实现：

$$\boldsymbol{o}_{mn} = \mathrm{Conv}(x) = \sum_{i=1}^{I}\sum_{j=1}^{J} w_{ij}\boldsymbol{x}_{m+i,\,n+j} + b\,(1 \leqslant m \leqslant M,\,1 \leqslant n \leqslant N) \qquad (4.1)$$

其中，$\boldsymbol{o}_{mn}$ 表示输出特征图中第 m 行、第 n 列的像素值，w_{ij} 表示该层卷积核第 i 行、第 j 列的值，$\boldsymbol{x}_{m+i,\,n+j}$ 表示输入特征在卷积位置的像素值，I、J 分别表示卷积核的长和宽，b 表示该层卷积操作的偏置项，M、N 分别表示输出特征图的长和宽。卷积操作的过程如图 4.3 所示。

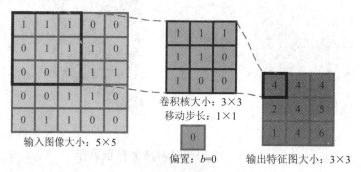

图 4.3 卷积操作示意图

通常情况下，由于一个卷积核只能提取出一种特征，因此为了得到数据的多种特征，一般采用多个卷积核执行卷积操作。

3.卷积神经网络的激活函数

激活函数（Activation function）是一种将神经元的输入映射到输出端的函数，它通常位于卷积层之后。激活函数对于 CNN 处理复杂的非线性关系来说有着非常重要的作用。由于卷积操作本身是线性的，在这种情况下，层与层之间都是线性关系。因此，即使网络层数再多，输出都是输入的线性组合。激活函数为 CNN 引入了非线性因素，提升了 CNN 的表达能力，使之可以解决比较复杂的问题。

常见的激活函数有 Sigmoid 函数、Tanh 函数和 ReLU 函数等。这三种函数的曲线如图 4.4 所示。以下将分别介绍这三种激活函数。

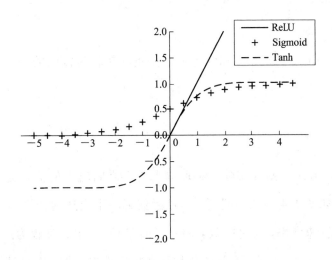

图 4.4　三种常用激活函数的函数曲线图

1）Sigmoid 函数

Sigmoid 函数是一种常用的激活函数。该函数可表示为

$$f(x) = \frac{1}{1 + e^{-x}} \tag{4.2}$$

如图 4.4 中的点状线所示，Sigmoid 函数能够将任意实值映射到［0，1］区间上。然而在取值接近 0 或 1 时，该函数的导数值都较小。当 CNN 中层数较多时，经过多次反向传播的累积，网络的梯度将非常接近于 0，从而导致梯度消失问题的发生。同时，由于 Sigmoid 函数的取值范围并非基于原点对称（Zero-centered），其收敛效率也会受到影响。此外，由于其解析式中含有幂运算，在求

解时会占用较多时间，增加了网络的训练成本，因此其作为激活函数的作用已被逐渐淡化。但对于某些特殊的输出需求，如需要将输出的范围限制在[0，1]区间时，Sigmoid 函数仍然发挥着重要的作用。

2）Tanh 函数

Tanh 函数的形式如下：

$$f(x) = \frac{e^x - e^{-x}}{e^x + e^{-x}} \qquad (4.3)$$

Tanh 函数的提出主要是为了解决 Sigmoid 函数不是基于原点对称的问题。然而如图 4.4 中虚线所示的曲线，Tanh 函数与 Sigmoid 函数的形状类似，在该函数边界处的导数仍然较小，同样会导致梯度消失问题的发生，因此该函数也并未得到广泛的应用。

3）ReLU 函数

ReLU(Rectified Linear Unit)函数[11]是近些年较为常用的一个激活函数。其表达形式如下：

$$f(x) = \begin{cases} x & x \geqslant 0 \\ 0 & x < 0 \end{cases} \qquad (4.4)$$

可以看出，ReLU 函数实际上是取输入与 0 之间较大的值。虽然该函数的形式很简单，但如图 4.4 中的实线所示，该函数解决了上述两个激活函数梯度消失的问题，且计算速度快，容易收敛，因此目前在 CNN 中有着较为广泛的应用。

总体来说，Sigmoid 及 Tanh 函数均存在梯度消失问题，而且其函数解析式中包含指数运算；而 ReLU 函数不仅能够解决梯度消失的问题，而且在运算时仅需完成一次阈值判断即可，计算量非常小。此外，ReLU 会将一部分神经元的输出置为 0，提升了 CNN 的稀疏表达能力，从而避免了过拟合问题的出现。

4. 池化层

池化操作是下采样的一种。在网络中加入池化层可以进一步抽象特征，增大感受野，减少网络参数的数量，从而降低网络的训练难度。常见的池化方法包括平均池化法和最大池化法[12]。对于图像中的每一个采样区域，平均池化法输出了该区域的平均值，因此保留图像背景区域的效果较好；最大池化法输出该区域的最大值，因此能够更好地提取该区域的高频纹理特征。在这两种池化方法中，最大池化法在 CNN 中应用得较为广泛。在此以最大池化方法为例对池化层的操作进行简单的介绍。

如图 4.5 所示,假设输入特征为一个 4×4 的矩阵,令最大池化的尺寸(即参与池化操作的区域尺寸)为 2×2,池化的移动步长(即两次相邻的池化操作所跨越的像素个数)为 2×2,即实现了一次不重叠的最大池化操作,所得到的输出特征图的尺寸为 2×2。

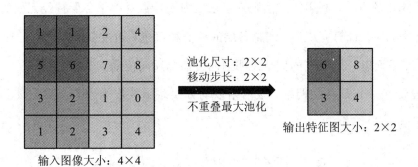

图 4.5　池化操作示意图

最大池化的过程可由公式(4.5)描述:

$$\boldsymbol{o}_{ij} = \mathrm{MAXPOOL}(x) = \max_{m=1,2,\cdots,k_H} \max_{n=1,2,\cdots,k_W} \boldsymbol{x}_{s_H \times i + m, \, s_W \times j + n} \tag{4.5}$$

其中,$\boldsymbol{o}_{ij}$ 为最大池化操作输出的特征图在第 i 行第 j 列的像素值;x 是池化操作的输入特征图;k_H 和 k_W 分别为池化区域的高和宽;m 和 n 为 x 中参与池化操作的像素的位置索引,其取值范围为 $1,2,\cdots,k_H$ 和 $1,2,\cdots,k_W$;s_H 和 s_W 分别为垂直方向和水平方向上的移动步长。

4.2.3　卷积神经网络的训练过程

卷积神经网络的训练方式主要有三种,即有监督(Supervised)的方式、无监督(Unsupervised)的方式及有监督和无监督相结合(又称为半监督,Semi-supervised)的方式。在这三种方式中,有监督的方式在 CNN 中应用得最为广泛,因此这里主要讨论利用有监督的方式训练 CNN 的方法。

利用有监督的方式训练 CNN 时,每一个训练样本都包括一个输入(通常是以向量的形式表示)和一个标签(又称为真实值,Ground Truth),这个标签也被称为监督信号(Supervisory Signal)。从本质上讲,有监督的训练方式就是根据已有样本中输入数据与标签之间的关系训练出一个网络模型，并利用该模型给出没有标签的输入数据所对应的预测结果。有监督的训练一般通过随机梯度下降法（Stochastic Gradient Descent，SGD）对网络进行优化。SGD 主要包括前向传播（Forward Propagation）和反向传播（Backward Propagation）两部分。前向传播依照卷积和池化等操作的计算方法逐层计算每个神经元的输出，直至求出网络最终的预测结果，并通过一定的损失函数计算该预测结果与标签的误差；反向传播则是沿与上述过程相反的方向，利用链式法则逐层求出损失函数对网络各层神经元权值与偏置的偏导数，并在计算完毕后，调整各层的权值和偏置。通过多次迭代，完成对 CNN 的训练。下面以一个简单的例子说明前向传播和反向传播的具体过程。

假设有一个 L 层的网络，该网络以均方误差函数作为损失函数，该误差函数可表示为

$$\text{Loss}(\hat{y}, y) = \frac{1}{2}(\hat{y} - y)^2 \tag{4.6}$$

其中，$\hat{y}$ 和 y 分别为网络的预测结果和对应的标签。在正向传播的过程中，第 $l(1 < l \leqslant L)$ 层的输出为

$$a^{(l)} = \sigma(z^{(l)}) = \sigma(W^{(l)} a^{(l-1)} + b^{(l)}) \tag{4.7}$$

其中，$a^{(l)}$ 表示第 l 层的输出；$a^{(l-1)}$ 表示第 l 层的输入，亦即第 $l-1$ 层的输出；σ 表示激活函数。$z^{(l)}$ 表示该层神经元的输出结果。特别地，当 $l=L$ 时，该层的输出 $o^{(L)}$ 即为整个网络的预测结果 $\hat{y}$。在反向传播时，首先求出网络的最后一层，即第 L 层的梯度：

$$\delta^{(L)} = \frac{\partial \text{Loss}(\hat{y}, y)}{\partial z^{(L)}} = \frac{\partial \text{Loss}(\hat{y}, y)}{\partial a^{(L)}} \frac{\partial a^{(L)}}{\partial z^{(L)}} = \frac{\partial \text{Loss}(\hat{y}, y)}{\partial a^{(L)}} \odot \sigma'(z^{(L)}) \tag{4.8}$$

其中，$\odot$ 表示求 Hadamard 积的运算，$\sigma'(z^{(L)})$ 表示网络第 L 层函数的导数。依照链式法则，可推出网络第 l 层的梯度为

$$\delta^{(l)} = \delta^{(l+1)} \frac{\partial z^{l+1}}{\partial z^l} = W^{(l+1)\text{T}} \delta^{(l+1)} \odot \sigma'(z^{(l)}) \tag{4.9}$$

由此可得该层参数 $W^{(l)}$、$b^{(l)}$ 的梯度为

$$\delta_{W^{(l)}} = \frac{\partial \text{Loss}(\hat{y}, y)}{\partial W^{(l)}} = \frac{\partial \text{Loss}(\hat{y}, y)}{\partial z^{(l)}} \frac{\partial z^{(l)}}{\partial W^{(l)}} = \delta^{(l)} (a^{(l-1)})^{\text{T}}$$

$$\tag{4.10}$$

$$\delta_{b^{(l)}} = \frac{\partial \text{Loss}(\hat{y}, y)}{\partial b^{(l)}} = \frac{\partial \text{Loss}(\hat{y}, y)}{\partial z^{(l)}} \frac{\partial z^{(l)}}{\partial b^{(l)}} = \delta^{(l)}$$

当反向传播结束后，即可根据 SGD 逐层更新参数，更新公式如下：

$$\theta^{(l)} = \tilde{\theta}^{(l)} - \eta\delta_{\theta^{(l)}} \tag{4.11}$$

其中，$\tilde{\theta}^{(l)}$ 为更新前第 l 层的参数；$\theta^{(l)}$ 为该层更新后的参数，即（$W^{(l)}$，$b^{(l)}$）；η 为学习率。

值得注意的是，由于池化层没有激活函数，所以一般认为池化层的输出与该层神经元的输出相同，即 $\sigma(z) = z$。同时，由于池化操作对输入特征图进行了下采样，因此在反向传播时需要通过上采样将该层还原为与输入特征图一致的大小。而对于卷积层，其反向传播则是通过将卷积核翻转 180° 实现的。

4.3　二维卷积神经网络在手势识别中的应用

如上所述，CNN 在计算机视觉领域有着广泛的应用。在手势识别领域中，研究者也提出了大量基于 CNN 的算法。本节将介绍几种较为经典的手势识别算法。

4.3.1　双流网络

双流网络是 Simonyan 和 Zisserman 提出的一种用于手势和行为识别的 CNN 模型[13]。如图 4.6 所示，双流网络有两个分支，这两个分支均由 CNN 构成。其中，空域分支以 RGB 数据为输入，用于提取空域特征，包括人体在视频每一帧中的位置等；时域分支以光流数据为输入，用于提取时域特征，包括人体各个部位的运动轨迹等。在通过两个分支网络分别提取到空域和时域特征后，双流网络将特征进行融合，并利用该融合特征实现手势和行为的识别。

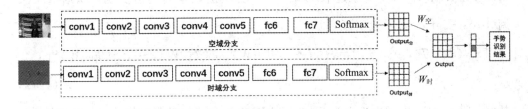

图 4.6　双流网络的网络结构

4.3.2　Temporal Segment Networks

在双流网络中，时域信息来自时域分支处理的光流数据。由于光流数据只考虑了相邻两帧之间的运动信息，因此双流网络所能处理的时域信息也是十分有限的。为了有效利用整个视频的时域信息，在双流网络的基础上，Wang 等人[14]提出了 Temporal Segment Networks(TSN)。和双流网络相同，TSN 分别将 RGB 数据和光流数据作为空域卷积子网络和时域卷积子网络的输入。不同的是，TSN 通过对整个视频分段采样，得到了一连串的片段(Snippet)序列，随后以这些片段为网络输入，得到相应的预测结果，并利用分数融合(Score Fusion)方法将这些预测结果加以融合，得到整个视频的预测结果。TSN 的结构如图 4.7 所示。

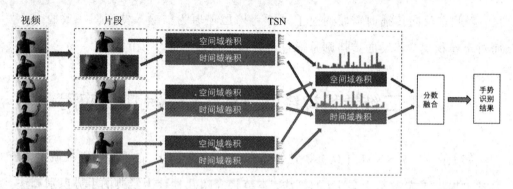

图 4.7　TSN 的结构[14]

在使用 TSN 进行手势识别时，对于一个给定的视频 V，首先将其等分为 K 个分段(Segment)$\{S_1, S_2, \cdots, S_K\}$。为了保证每个分段中的视频帧数满足网络的要求，还需要在每个分段内进行随机采样，由此得到输入网络的片段$\{T_1, T_2, \cdots, T_K\}$。网络会对每个片段 $T_k(k=1, 2, \cdots, K)$ 提取特征，并输出该片段表示某类手势的概率。随后，通过片段共识函数(Segmental Consensus Function)G 对这些片段对应的类别概率进行整合，最终通过预测函数 H 获得整个视频的识别结果。在文献[14]中，G 通过取所有片段手势类别概率的均值实现，H 通过交叉熵(Cross-Entropy)函数实现，即

$$\text{TSN}(T_1, T_2, \cdots, T_K) = H\{ G[F(T_1;W), F(T_2;W), \cdots, F(T_K;W)] \}$$

$$(4.12)$$

其中，$F(T_k, W)$ 表示当输入为 T_k 时，以 W 作为参数的卷积网络给出的预测结果。

4.4　三维卷积神经网络的基本操作

在前面几节中，我们介绍了 CNN 的基本操作以及 CNN 在手势识别领域的

应用。可以看出，由于 CNN 中的卷积和池化等操作都是二维的，因此它只能用于空间信息的建模。当需要处理视频序列数据时，就需要引入光流等包含时域变化信息的数据。然而，时域信息的完整程度受限于提取光流数据的算法的性能。因此，为了更好地对时序信息进行建模，研究者引入了三维卷积与三维池化操作，提出了三维卷积神经网络。

4.4.1　三维卷积

顾名思义，三维卷积是在三维空间上进行的卷积操作，其输入和输出都是三维张量。该操作的数学模型表示如下：

$$S_{mnl} = 3\mathrm{DConv}(\boldsymbol{x}) = \sum_{i=1}^{I} \sum_{j=1}^{J} \sum_{k=1}^{K} w_{ijk} \boldsymbol{x}_{m+i,\,n+j,\,l+k} + b \tag{4.13}$$

$$(1 \leqslant m \leqslant M,\, 1 \leqslant n \leqslant N,\, 1 \leqslant l \leqslant L)$$

其中，S_{mnl} 表示输出特征图在三个维度的坐标索引为 m、n 和 l 处的像素值，w_{ijk} 表示该层卷积核在三个维度的坐标索引为 i、j 和 k 处的值；$\boldsymbol{x}_{m+i,\,n+j,\,l+k}$ 表示像素 S_{mnl} 所对应的输入像素值，I、J 和 K 分别表示卷积核在三个维度上的取值范围；b 为该层对应的偏置项；M、N 和 L 分别表示输出特征图在三个维度上的取值范围。三维卷积与二维卷积的操作对比如图 4.8 所示。

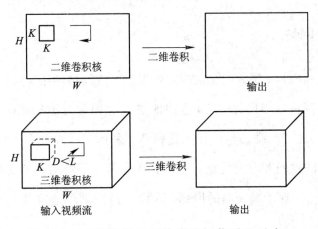

图 4.8　二维卷积和三维卷积操作对比示意

4.4.2　三维池化

和三维卷积一样，三维池化也是对二维池化在时间维度上的拓展，对大小为 $k_H \times k_W \times k_T$ 的池化区域不重叠最大池化操作的数学公式表示如下：

$$o_{ijk} = 3\text{DMAXPOOL}(x) = \max_{m=1,2,\cdots,k_H} \max_{n=1,2,\cdots,k_W} \max_{l=1,2,\cdots,k_T} x_{s_H \times i+m,\ s_W \times j+n,\ s_T \times k+l}$$

$$(4.14)$$

其中，o_{ijk} 为最大池化操作输出的特征图在三维坐标分别为 i、j 和 k 处的像素值；x 是池化操作的输入特征图；k_H、k_W 和 k_T 分别为池化区域在三个维度上的取值范围；m、n 和 l 为 x 中参与池化操作的像素的位置索引，其取值范围为 1、2、$\cdots$、k_H，1、2、$\cdots$、k_W 和 1、2、$\cdots$、k_T；s_H、s_W 和 s_T 分别为三个维度上的移动步长。

4.5　三维卷积神经网络在手势识别中的应用

由于手势识别任务大多需要对一组连续的动作而非单张静态图像进行识别，因此许多研究者尝试通过 3D CNN 提取手势视频数据的时空特征。Ji 等人[15] 最早将 3D CNN 用于手势和行为识别任务当中，该模型将 CNN 的卷积操作加以扩展，从而实现了对三维数据的卷积。Tran 等人[16] 提出了 C3D 网络，实现了三维卷积和三维池化，该网络可以同时对时空特征进行提取，因此得到了研究者的广泛关注，许多用于处理视频序列的方法都是基于该网络实现的。本节将以 C3D 网络及其后续的改进版本为例，介绍 3D CNN 在手势识别领域的应用。

4.5.1　C3D 网络

C3D 网络由 Tran 等人[16] 在 2015 年提出，该网络的最大亮点在于用三维卷积和三维池化两种操作代替 CNN 当中的二维卷积和二维池化操作。一方面，如 4.4 节所述，相比于二维的卷积和池化操作，采用三维卷积和三维池化可以同时提取视频数据的空间和时间特征，从而更好地学习手势动作的变化情况；另一方面，该网络结构实现了端到端的训练，降低了网络训练的难度，因此受到了研究者的青睐。

C3D 网络的整体结构如图 4.9 所示。整个网络由 8 个卷积层、5 个池化层、2 个全连接层和 1 个 Softmax 层构成。其中卷积层的卷积核大小均为 $3 \times 3 \times 3$，步长均为 $1 \times 1 \times 1$。在 5 个池化层中，第一个池化层池化尺寸的大小是 $1 \times 2 \times 2$，其他 4 个池化层池化尺寸的大小均为 $2 \times 2 \times 2$。这样做的目的是在网络的前几层尽可能多地保留时域信息。

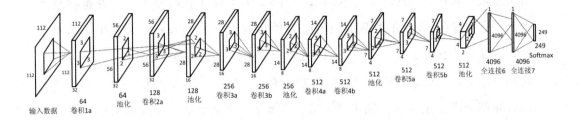

图 4.9　C3D 网络结构图

结合 C3D 网络与其他神经网络，研究者也提出了一些新的手势识别方法。Molchanov 等人[17]将 C3D 网络和循环神经网络相结合，进一步提升了网络对时域信息的学习能力；Camgoz 等人[18]首先利用类似文献[14]中 TSN 的分段方式对连续手势视频进行分段，并将这些视频片段送入 C3D 网络进行分类，最后通过两阶段众数滤波(Majority Filter)获得整个视频的手势识别结果。

基于 C3D 网络，笔者针对大规模手势识别问题也展开了大量研究，并蝉联 2016 年、2017 年两届 Chalearn LAP 国际大规模独立手势识别竞赛(Chalearn LAP Large-scale Isolated Gesture Recognition Challenge)冠军。在 2016 年的竞赛中，笔者基于 C3D 网络提出了一种面向 RGB 数据和深度数据的手势识别方法[19]。该方法首先利用 C3D 网络分别提取 RGB 视频数据和深度视频数据的时空特征，随后通过逐点相加的方法对这两种特征进行融合，并将融合特征送入支持向量机(Support Vector Machine，SVM)进行分类，最终在竞赛数据集的测试集上达到了 56.90% 的正确率。在此基础上，笔者研究了不同模态数据对提升手势识别算法性能的影响。在文献[20]中，笔者利用生成的显著性数据突出表演者的空间位置，将手势识别的正确率提升至 59.43%；而在文献[21]中，笔者结合光流数据，突出和手势密切相关的运动区域，减少背景等无关因素对结果的影响，进一步将手势识别的正确率提升至 60.93%。

下面对笔者在 2016 年 Chalearn LAP 国际大规模独立手势识别竞赛中的方法[19]展开详细的介绍。该方法的整个流程如图 4.10 所示。在对使用原始 C3D 网络识别手势所产生的错误结果进行分析时，笔者发现该网络会首先将输入视频进行时域采样，得到帧数统一为 16 帧的视频。对于一些较长的视频来说，这种操作就会丢失一些运动细节，进而导致网络对手势的错误分类，影响识别的准确性。通过统计比赛数据集——CGD 2016 的 IsoGD 数据集中所有训练视频的帧数，笔者发现其中大部分视频具有 29～39 帧,而 33 帧的视频最多,达到 1202 个。基于这个发现,笔者重新规定了时域的采样频率。为了便于在时域上进行卷积和池化处理,笔者选择 32 帧作为基准帧数来对所有视频进行帧数归一化。在实际操作中,笔者对帧数大于 32 的视频进行随机抽取采样,而对帧数小于 32 的视频则采用插值法,通过复制某些帧来进行帧数扩充。这样的处理方式可以确保 98% 以上的视频都能满足至少每三帧采样一帧,从而保证了网络对于绝大多数视频都可以学习到充分的时域信息。此外,由于 CGD 2016 的 IsoGD 数据集同时包含了 RGB 数据和深度数据,因此笔者还研究了利用多模态数据融合提升识别正确率的方法。如前所述,笔者通过 C3D 模型分别提取 RGB 数据和深度数据的特征,再利用逐点相加的融合方式,将两种模态的特征结合在一起后再送入 SVM 分类器进行手势识别。相比只使用 RGB 数据或只使用深度数据进行手势识别,使用融合特征可以将正确率提升至少 13%。

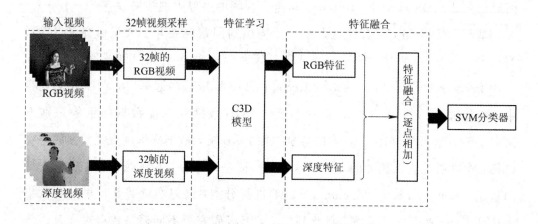

图 4.10 基于 C3D 网络的大规模手势识别算法流程图[19]

4.5.2 ResC3D 网络

在 4.5.1 节中我们介绍了 C3D 网络在同时提取视频数据的时间特征和空间特征时的优势。然而,随着层数的增加,网络会出现难以优化,甚至是性能下降的问题。为了解决这个问题,Tran 等人将深度残差网络[22](Residual Network,ResNet)和 C3D 网络相结合,提出了 ResC3D 网络[23],进一步提升了深层 3D CNN 的性能。

如上所述,ResNet[22] 的提出是为了解决深层网络难以优化的问题。该网络的核心是残差单元(Residual Block)。如图 4.11 所示,在一个残差单元中,x 表示来自上一层的特征输入，$F(x)$ 表示残差单元经过两次卷积之后的结果，即 $F(x)=W_2\sigma(W_1x)$，其中 W_1 和 W_2 分别表示第一层和第二层卷积的权重（为便于表述，这里省略了偏置项），σ 表示 ReLU 激活函数。在这些卷积层之外，ResNet 还增加了一种直连（Short-Cut）结构（即图中右侧从 x 到"＋"的连线）。该结构为卷积结果增加了一个原始输入的恒等映射（Identity Mapping）。可以看出，当没有恒等映射时，残差单元就退化成了一个普通的两层卷积网络。正是通过这种直连结构，ResNet 可以将原始输入信息直接传到网络更深的卷积层中，避免了因多次卷积而导致的原始输入信息丢失的问题。

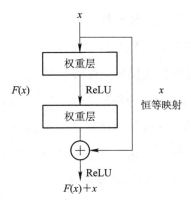

图 4.11　残差单元结构[22]

　　整个 ResC3D 的网络结构如图 4.12 所示。该网络由 8 个残差单元组成，分别对应 C3D 模型中的 8 个卷积层。和 C3D 网络不同的是，池化层被步长为 2 的卷积层所替代，即网络在 Conv3a、Conv4a、Conv5a 等卷积层直接进行下采样。网络最后通过一个 $7\times7\times1$ 的平均池化层对特征进行降维，并利用该特征进行手势识别。

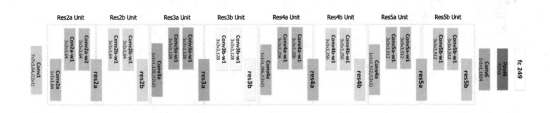

图 4.12　ResC3D 的网络结构[24]

　　研究者基于 ResC3D 网络也提出了许多手势识别的方法。在 2017 年的 Chalearn LAP 国际大规模独立手势识别竞赛中，笔者提出了一种基于 ResC3D 网络的手势识别方法[24]，该方法的框架结构如图 4.13 所示。注意到与手势无关的因素及噪声对识别过程的影响，笔者首先对不同模态数据进行数据增强的预处理。对 RGB 数据而言，主要的干扰来自光照的变化，因此本书作者通过 Retinex 算法消除光照对 RGB 数据的影响；而对深度数据而言，主要的干扰是成像过程中产生的噪点，因此笔者通过中值滤波算法对其人噪。和文献[21]一样，本方法同样将光流作为一种额外的数据模态用于手势识别。同时，笔者发现视频的不同阶段对识别手势的重要性有所差异，在视频的开始和结束阶段动作较为缓和，而在高潮阶段动作较为剧烈，与手势的关联也较强。根据这个发现，笔者提出了加权采样方法，将该方法结合光流数据判断视频在不同阶段的动作幅度，并以此作为依据确定每个阶段采样帧数占整个视频采样帧数的比例。完成采样后，视频数据被送入 ResC3D 网络进行特征提取。在利用 ResC3D 提取 RGB 数据、光流数据和深度数据这三种不同模态数据的特征之后，笔者通过一种基于典型相关性分析的特征融合方法分析不同模态数据的特征之间的联系，并据此进行特征融合。和文献[19]一样，最终的识别结果由一个 SVM 分类器给出。该方法在 CGD 2016 的 IsoGD 数据集上取得了 67.71％的准确率。

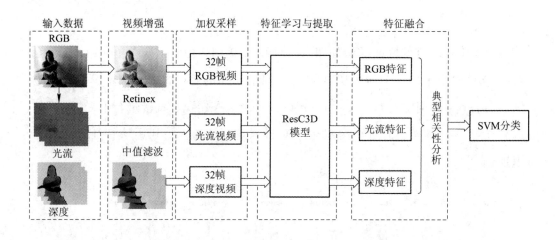

图 4.13　基于 ResC3D 网络的大规模手势识别算法[24]

4.5.3　Two-Stream Inflated 3D ConvNet 网络

Two-Stream Inflated 3D ConvNet 网络[25]结合二维卷积和三维卷积的优点，实现了对时空特征的学习。同时该方法又借鉴了双流网络[13]的优点，同时对

RGB 数据和光流数据进行处理。如图 4.14 所示，网络左侧的分支将 RGB 数据输入到 3D CNN 中，学习空间域的特征信息；网络右侧的分支将光流数据输入到 3D CNN 中，学习时间域的特征信息。最后网络将两个分支提取到的特征加以融合，生成最终的识别结果。

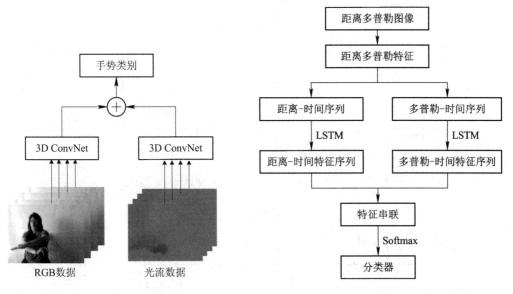

图 4.14　I3D 的结构[25]　　　　图 4.15　基于 TS-I3D 手势识别方法的
整体框架[26]

　　基于 I3D 网络结构，Wang 等人提出了基于时间序列扩展三维卷积神经网络（Time Sequential Inflated 3 Dimensions Convolutional，TS-I3D）的手势识别方法[26]。如图 4.15 所示，Wang 等人首先使用调频连续波（Frequency Modulated Continuous Wave，FMCW）雷达传感器获取手势数据，并将其转化为距离多普勒图像（Range Doppler Map，RDM）。在获取到连续手势的距离多普勒图像映射后，将其送入到 I3D 网络中进行特征提取。然后，根据数据结构的特点，将提取的特征重组为距离-时间（Range-Time，RT）特征序列和多普勒-时间（Doppler-Time，DT）特征序列，并将生成的特征序列输入到 LSTM 网络中进一步进行时序特征的提取。

　　在该方法中使用的 I3D 网络结构如图 4.16 所示。该网络输入数据的大小为 $32 \times 32 \times 64$。Wang 等人首先使用两个由卷积层和池化层构成的模块来提取 RDM 中的浅层特征；然后采用由三组具有不同感受野的卷积核所组成的 Inception 模块进一步提取特征并将它们加以集成，以提升特征的丰富程度。

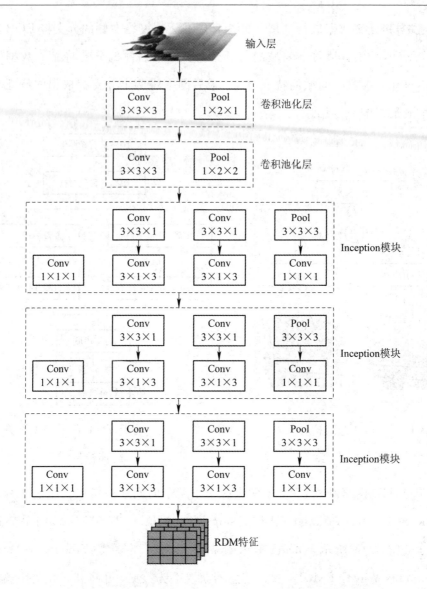

图 4.16 基于 TS-I3D 的雷达传感器手势识别网络结构[26]

4.6 本章小结

随着深度卷积神经网络技术的发展，研究者们对计算机视觉领域各类问题的研究都取得了重大突破。相比传统方法，CNN 不但大幅提升了算法性能，而且显著降低了特征提取的难度，研究者们无须再设计精巧的特征提取方法就能获得很好的结果。本章首先介绍了 CNN 的发展历程，随后分别介绍了 2D CNN 和 3D CNN 的基本原理和操作，以及它们在手势识别任务当中的应用。

参 考 文 献

［1］　HUBEL D H，WIESEL T N. Receptive fields，binocular interaction and functional architecture in the cat's visual cortex［J］. The Journal of physiology，1962，160(1)：106-154.

［2］　FUKUSHIMA K，MIYAKE S. Neocognitron：a self-organizing neural network model for a mechanism of visual pattern recognition［C］// Competition and Cooperation in Neural Nets. Springer，Berlin，Heidelberg，1982：267-285.

［3］　LECUN Y，BOTTOU L，BENGIO Y，et al. Gradient-based learning applied to document recognition［J］. Proceedings of IEEE，1998，86(11)：2278-2324.

［4］　KRIZHEVSKY A，SUTSKEVER I，HINTON G E. Imagenet classification with deep convolutional neural networks［C］//Proceedings on Advances in Neural Information Processing Systems，2012：1097-1105.

［5］　SZEGEDY C，LIU W，JIA Y，et al. Going deeper with convolutions［C］// Proceedings of IEEE Conference on Computer Vision and Pattern Recognition. 2015：1-9.

［6］　HE Kaiming，ZHANG Xiangyu，REN Shaoqing，et al. Delving deep into rectifiers：surpassing human-level performance on imagenet classification ［C］//Proceedings of IEEE International Conference on Computer Vision. 2015：1026-1034.

［7］　CHEN Kai，PANG Jiangmiao，Wang Jiaqi，et al. Hybrid task cascade for instance segmentation［C］//Proceedings of IEEE Conference on Computer Vision and Pattern Recognition. 2019：4974-4983.

［8］　LI Wenbo，WANG Zhicheng，YIN Binyi，et al. Rethinking on multi-stage networks for human pose estimation［J］. arXiv preprint arXiv:1901.00148，2019.

［9］　YANG Lu，SONG Qing，WANG Zhihui，et al. Parsing R-CNN for instance-level human analysis［C］// Proceedings of IEEE Conference on

Computer Vision and Pattern Recognition. 2019：364-373.

[10] BONDI L, BAROFFIO L, CESANA M, et al. Rate-energy-accuracy optimization of convolutional architectures for face recognition[J]. Journal of Visual Communication and Image Representation, 2016, 36：142-148.

[11] NAIR V, HINTON G E. Rectified linear units improve restricted boltzmann machines[C] // Proceedings of International Conference on Machine Learning. 2010：807-814.

[12] NAGI J, DUCATELLE F, DI CARO G A, et al. Max-pooling convolutional neural networks for vision-based hand gesture recognition [C]//Proceedings of IEEE International Conference on Signal and Image Processing Applications. IEEE, 2011：342-347.

[13] SIMONYAN K, ZISSERMAN A. Two-stream convolutional networks for action recognition in videos[C]// Proceedings on Advances in Neural Information Processing Systems. 2014：1-11.

[14] WANG Limin, XIONG Yuanjun, WANG Zhe, et al. Temporal segment networks：towards good practices for deep action recognition [C]// Proceedings of European Conference on Computer Vision. Springer, Cham, 2016：20-36.

[15] JI Shuiwang, XU Wei, YANG Ming, et al. 3D convolutional neural networks for human action recognition[J]. IEEE Transactions on Pattern Analysis and Machine Intelligence, 2012, 35(1)：221-231.

[16] TRAN D, BOURDEV L, FERGUS R, et al. Learning spatiotemporal features with 3D convolutional networks [C]//Proceedings of IEEE International Conference on Computer Vision. 2015：4489-4497.

[17] MOLCHANOV P, YANG Xiaodong, GUPTA S, et al. Online detection and classification of dynamic hand gestures with recurrent 3D convolutional neural network[C]//Proceedings of IEEE Conference on Computer Vision and Pattern Recognition. 2016：4207-4215.

[18] CAMGOZ N C, HADFIELD S, KOLLER O, et al. Using convolutional 3D neural networks for user-independent continuous gesture recognition

[C]//Proceedings of International Conference on Pattern Recognition. IEEE, 2016: 49-54.

[19] LI Yunan, MIAO Qiguang, TIAN Kuan, et al. Large-scale gesture recognition with a fusion of RGB-D data based on the C3D model[C]// Proceedings of International Conference on Pattern Recognition. IEEE, 2016: 25-30.

[20] LI Yunan, MIAO Qiguang, TIAN Kuan, et al. Large-scale gesture recognition with a fusion of RGB-D data based on saliency theory and C3D model[J]. IEEE Transactions on Circuits and Systems for Video Technology, 2018, 28(10): 2956-2964.

[21] LI Yunan, MIAO Qiguang, TIAN Kuan, et al. Large-scale gesture recognition with a fusion of RGB-D data based on optical flow and the C3D model[J]. Pattern recognition letters, 2019, 119: 187-194.

[22] HE Kaiming, ZHANG Xiangyu, REN Shaoqing, et al. Deep residual learning for image recognition[C]//Proceedings of IEEE Conference on Computer Vision and Pattern Recognition. 2016: 770-778.

[23] TRAN D, RAY J, SHOU Z, et al. Convnet architecture search for spatiotemporal feature learning [J]. arXiv preprint arXiv: 1708. 05038, 2017.

[24] MIAO Qiguang, LI Yunan, OUYANG Wanli, et al. Multimodal gesture recognition based on the RESC3D network[C]//Proceedings of IEEE International Conference on Computer Vision Workshops. 2017: 3047-3055.

[25] CARREIRA J, ZISSERMAN A. Quo vadis, action recognition? a new model and the kinetics dataset[C]//Proceedings of IEEE Conference on Computer Vision and Pattern Recognition. 2017: 6299-6308.

[26] WANG Yong, WANG Shasha, ZHOU Mu, et al. TS-I3D based hand gesture recognition method with radar sensor[J]. IEEE Access, 2019, 7: 22902-22913.

第5章 基于循环神经网络及其变种的手势识别方法

卷积神经网络的提出为提取图像特征提供了新的解决思路。然而，CNN 处理的是层与层之间的纵向关系，在同一层中不同神经元之间是没有连接的。因此 CNN 不能有效提取如语音、视频等在时间或空间上有前后关系的序列型数据的特征。为了能够更好地处理这种序列型数据，研究者提出了循环神经网络（Recurrent Neural Network，RNN）。本章将从 RNN 的发展入手，随后介绍 RNN 及其变种在手势识别领域的应用，最后结合记忆网络（Memory Network，MN）分析外部存储单元在长序列数据特征提取方面的作用。

5.1 循环神经网络的发展概述

1982 年，美国物理学家 Hopfield 提出了一种单层反馈神经网络——Hopfield Network[1]，并将其用于解决组合优化问题。这种单层反馈神经网络就是循环神经网络的雏形。1986 年，Michael I. Jordan 定义了循环的概念，提出 Jordan Network[2]。1990 年，美国认知科学家 Jeffrey L. Elman 对 Jordan Network 的层间连接方式加以改进，得到了包含单个自连接节点的 RNN 模型。RNN 模型中的每个单元之间连接简单，在逐层迭代过程中会丢失距离当前单元较远的单元所学习到的信息，因此无法保留长期记忆信息。1997 年，Hochreiter 和 Schmidhuber 提出长短期记忆网络（Long Short-Term Memory，LSTM）[3]，通过门控单元解决了长期记忆的问题。在 2014 年，Cho 等人提出了门控循环单元（Gate Recurrent Unit，GRU）[4]，这种网络在 LSTM 的基础上减少了一个门控单元，在基本不改变功能的情况下，减少了网络的参数。此外，RNN 模型只考虑了当前时刻之前的输入，而序列型数据的前后是相互关联的，因此该模型可能无法充分学习到这种序列关系。因此 1997 年，Mike Schuster 提出了双向 RNN 模型（bi-directional RNN）[5]。双向 RNN 模型通过两个沿着相反方向传递的信息流来学习输入序列的上下文信息。这几种模型扩展了 RNN 的应用场景，为后续序列化建模的发展打下了坚实的基础。在此之后很多研究者通过对 RNN 增加辅助结构，或直接引入外部的记忆单元，来提升网络对于长序列数据的处理能力。

5.2　循环神经网络及其变种

5.2.1　RNN 的基本结构

RNN 的基本结构比较简单，相比于一般的 CNN 网络，RNN 增加了同等层级之间的线性结构，使得信息流可以在每层的各个节点之间进行单向传递。每个节点由输入层、隐藏层和输出层构成，具体结构如图 5.1 所示。

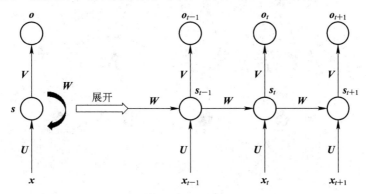

图 5.1　RNN 的基本结构图

图 5.1 中，x_t 表示在 t 时刻网络接收到的输入；s_t 为 t 时刻的隐藏层状态，它由当前时刻的输入 x_t 与上一时刻隐藏层状态 s_{t-1} 计算得到，该过程是 RNN 实现对之前输入进行记忆的核心；o_t 为 t 时刻的输出值。s_t 和 o_t 的定义如下：

$$s_t = f(Ux_t + Ws_{t-1}) \qquad (5.1)$$

$$o_t = g(Vs_t) \qquad (5.2)$$

其中，U、V 和 W 为权重矩阵，$f(\cdot)$、$g(\cdot)$ 为激活函数。可以看出，在 RNN 中每一时刻的输出都会受到上一个时刻隐藏层状态的影响。理论上 s_t 应当包含 1，2，$\cdots$，$t-1$ 时刻的隐藏层状态，然而在实践中，由于网络结构以及 s_t 大小的限制，s_t 很可能只包含之前少量时刻而非所有时刻隐藏层的状态。

5.2.2 双向 RNN

在 RNN 中，信息只沿一个方向流动，即网络只考虑了当前时刻之前的信息，并没有考虑到当前时刻之后的信息。事实上，在很多场景中，序列型数据的前后内容是互相关联的，RNN 的单向特点使得网络无法学习到当前时刻之后的重要信息，进而导致预测的结果不够准确。例如在"小明踢足球"这一句话中，当需要预测"踢"这个词的时候，单从其前文"小明"来看并不能进行准确的预测，而结合其下文"足球"，就很容易预测到对应的词应当为"踢"。双向 RNN 也是基于这种思想，通过两个沿相反方向传递的信息流来学习输入序列的上下文信息并进行预测。这两个信息流被称为隐藏状态。其中，一个沿正序传递，如图 5.2 中的实线所示；另一个则沿逆序传递，如图 5.2 中的虚线所示。

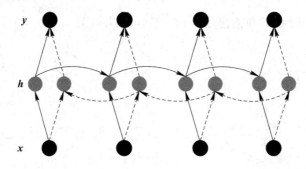

图 5.2 双向 RNN 网络结构

在计算 t 时刻的隐藏层状态时，对于正序的信息流，隐藏层状态的输入是当前时刻的输入与上一时刻正序隐藏层的状态；而对于逆序的信息流，输入则是当前时刻的输入与下一个时刻逆序隐藏层的状态。具体而言，正序隐藏层状态 $\overrightarrow{h_t}$ 定义如下：

$$\overrightarrow{h_t} = f(\boldsymbol{W}\boldsymbol{x}_t + \overrightarrow{\boldsymbol{V}}\,\overrightarrow{h}_{t-1} + \boldsymbol{b}) \tag{5.3}$$

逆序隐藏层状态 $\overleftarrow{h_t}$ 定义如下：

$$\overleftarrow{h_t} = f(\overleftarrow{\boldsymbol{W}}\boldsymbol{x}_t + \overleftarrow{\boldsymbol{V}}\,\overleftarrow{h}_{t+1} + \boldsymbol{b}) \tag{5.4}$$

输出 y_t 定义如下：

$$y_t = g(\boldsymbol{U}[\overrightarrow{h_t}; \overleftarrow{h_t}] + \boldsymbol{c}) \tag{5.5}$$

其中，$\overrightarrow{\boldsymbol{W}}$、$\overrightarrow{\boldsymbol{V}}$、$\overleftarrow{\boldsymbol{W}}$、$\overleftarrow{\boldsymbol{V}}$ 和 U 表示权重矩阵，$\overrightarrow{\boldsymbol{b}}$、$\overleftarrow{\boldsymbol{b}}$、$c$ 为偏置，$f(\cdot)$、$g(\cdot)$ 为激活函数，$[\overrightarrow{\boldsymbol{h}_t};\overleftarrow{\boldsymbol{h}_t}]$ 表示正序隐藏层状态与逆序隐藏层状态的拼接。

与单向 RNN 相比，双向 RNN 独特的双向隐藏层设计使得模型能够更好地学习输入的上下文信息。但与此同时，双向 RNN 需要保存两个方向的权重矩阵，导致其需要比 RNN 更大的存储空间。

5.2.3　LSTM

虽然 RNN 能够在一定程度上建立当前输入与先前输入的关系，但从 RNN 的参数更新以及信息流传递过程可以看出 RNN 对隐藏状态没有进行信息筛选，这导致网络中存在许多冗余的信息。以动态手势识别为例，当表演者的动作幅度较小时，当前帧与前一帧的动作差别较小，在这种情况下，前一帧所包含的信息对于识别来说可能是无效或冗余的。因此可能就需要联系更早的输入信息来帮助我们对当前输入进行学习。由于基础的 RNN 几乎只保留了前一节点的信息，导致 RNN 无法解决长时间的依赖问题。为了解决这个问题，Hochreiter 和 Schmidhuber 两位科学家在 1997 年提出了长短期记忆网络（Long-Short Term Memory，LSTM）[3]。该网络通过门（Gate）结构对输入信息进行筛选。门结构是一种选择性让信息通过的结构，由神经网络层和逐元素计算层组成。如图 5.3 所示，在 LSTM 中设计有输入门（Input Gate）、遗忘门（Forget Gate）和输出门（Output Gate）三种不同的门结构，三者互相配合将之前节点的信息选择性地保留下来，因此相对于 RNN，LSTM 能够学习长距离依赖关系。

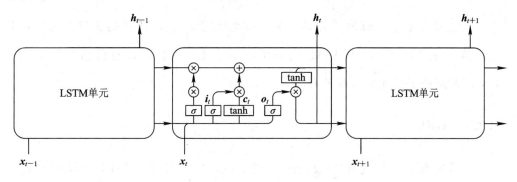

图 5.3　LSTM 基本单元

每一个 LSTM 的节点都有三个输入，即当前时刻的网络输入 $\boldsymbol{x}_t$、前一单元的

隐藏层状态 h_{t-1} 以及前一单元的细胞状态 c_{t-1}，输出为当前单元的细胞状态 c_t 和当前单元的隐藏层状态 h_t。

在 LSTM 的三个门结构中，输入门的功能是决定当前时刻网络的输入 x_t 有多少信息被读入到当前单元的细胞状态 c_t，如公式(5.6)所示：

$$i_t = \sigma(W_i[\ h_{t-1},\ x_t] + b_i) \tag{5.6}$$

其中，W_i 是输入门的权重矩阵，b_i 是输入门的偏置项。

遗忘门决定上一单元的细胞状态 c_{t-1} 中有多少信息被"遗忘"，并将剩余部分保留到当前单元，其过程与输入门类似。该过程如公式(5.7)所示：

$$f_t = \sigma(W_f[h_{t-1},\ x_t] + b_f) \tag{5.7}$$

其中，W_f 是遗忘门的权重矩阵，b_f 是遗忘门的偏置项，$\sigma(\cdot)$ 为 Sigmoid 激活函数。

在通过输入门获取当前时刻的输入信息、通过遗忘门选择性保留之前节点的状态信息后，当前单元细胞状态 c_t 可以由公式(5.8)表示：

$$c_t = f_t \cdot c_{t-1} + i_t \cdot a_t \tag{5.8}$$

其中，$a_t = \mathrm{Tanh}(W_c \cdot [\ h_{t-1},\ x_t] + b_c)$ 表示候选细胞状态，b_c 是偏置项。

最后，由输出门控制当前单元细胞状态 c_t 有多少信息输出到当前单元隐藏层状态 h_t，其定义如下：

$$o_t = \mathrm{Tanh}(W_o \cdot [\ h_{t-1},\ x_t] + b_o) \tag{5.9}$$

其中，W_o 是输出门的权重矩阵，b_o 为偏置项，最终输出 h_t 可以表示为

$$h_t = o_t \cdot \mathrm{Tanh}(c_t) \tag{5.10}$$

以上便是整个 LSTM 的结构，单元细胞状态 c_t 是 LSTM 的关键，它像一根链条贯穿整个网络。LSTM 通过门控机制对单元细胞状态 c_t 进行信息添加或移除，以此解决了长距离依赖的问题。

5.2.4　GRU

LSTM 解决了传统 RNN 无法解决的长距离依赖问题，然而 LSTM 存在计算量大的缺点。因此 Cho 等人[4]提出了一种 LSTM 的新变体，即门控循环单元(Gate Recurrent Unit，GRU)。GRU 比 LSTM 网络的结构更加简单，因此也减少了网络需要学习的参数。在 GRU 模型中只有更新门(Update Gate)和重置门

(Reset Gate)两个门结构。其中更新门由 LSTM 中的输入门与遗忘门合并而来。
图 5.4 展示了 GRU 的基本结构。

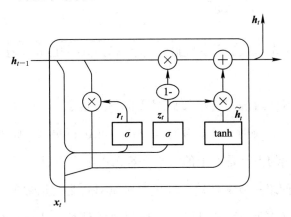

图 5.4　GRU 的基本结构

图 5.4 中 z_t 和 r_t 分别表示更新门和重置门。z_t 用于控制当前时刻的输入信息写入当前时刻隐藏层状态的程度，z_t 的值越大，说明当前时刻的输入更多地被写入当前时刻隐藏层状态。r_t 用于控制前一时刻隐藏层状态写入当前时刻隐藏层状态 h_t 的程度，r_t 的值越小，表示前一时刻的信息被写入得越少。更新门 z_t 定义如下：

$$z_t = \sigma(W_z \cdot [\ h_{t-1},\ x_t])\tag{5.11}$$

其中，σ 为激活函数，W_z 为更新门权重矩阵，h_{t-1} 为上一时刻的隐藏层状态，x_t 为当前的输入矩阵。

重置门 r_t 的定义如下：

$$r_t = \sigma(W_r \cdot [\ h_{t-1},\ x_t])\tag{5.12}$$

其中，W_r 为重置门的权重矩阵。

隐藏层候选状态 $\tilde{h}_t$ 定义如下：

$$\tilde{h}_t = \tanh(W_h \cdot [\ h_{t-1},\ r_t,\ x_t])\tag{5.13}$$

其中，$\tanh(\cdot)$ 为激活函数。当前时刻隐藏层状态 h_t 定义如下：

$$h_t = (1-z_t) \cdot h_{t-1} + z_t\tilde{h}_t\tag{5.14}$$

和 LSTM 一样，GRU 也通过门结构实现时序特征的筛选，然而由于 GRU 相对于 LSTM 减少了一个门结构，因此在参数的数量上比 LSTM 更少，所以

GRU 的训练速度更快。在需要考虑硬件的计算能力和时间成本的情况下，GRU 可能会是一个更加合适的选择。

5.3 结合外部存储单元的记忆网络

LSTM 和 GRU 通过记忆单元保留历史输入信息，从而实现记忆的功能。然而 LSTM 和 GRU 训练时，频繁对所有记忆单元进行更新。此外，由于硬件设备的限制，记忆单元的大小是有限的，导致其无法记录更长久的信息。而结合外部存储单元的记忆网络一方面使用寻址读写机制对特定的记忆单元进行修改，不会同时修改所有记忆单元，因此可以记录更长久的信息；另一方面，该网络结合外部的存储单元增加了网络的记忆空间，从而能够存储更多的信息。目前已有大量学者对结合外部存储单元的记忆网络进行研究，如DeepMind团队提出的神经图灵机（Neural Turing Machines，NTM)[6]、Facebook AI 研究院提出的记忆网络（Memory Networks)[7]等。

5.3.1 记忆网络框架

记忆网络泛指一种通过引入外部存储单元来记忆信息的框架。图 5.5 展示了记忆网络的基本框架，框架中的各个模块可以在实际使用时根据不同的任务进行定制。其基本框架主要包含输入模块 I（Input Feature Map）、泛化模块 G（Generalization）、输出模块 O（Output Feature Map）以及转化模块 R（Response）四个部分，它们的功能如下：

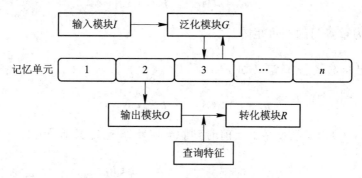

图 5.5 记忆网络框架

I：把网络输入转化为特征向量；

G：在模型获取输入后更新记忆单元；

O：根据网络输入的特征向量对记忆单元进行相似度整合，得到输出向量。

R：将输出向量转化为所需的格式，比如手势识别中的类别。

在四个模块中，G 模块和 O 模块主要负责与记忆单元进行交互，G 模块负责更新记忆单元，O 模块负责从记忆单元中读取数据，I 模块和 R 模块则作为记忆网络的配套模块。G 模块的定义如下：

$$m_{H(x)} = I(x) \tag{5.15}$$

其中，x 表示网络输入；$H(x)$ 用于选择需要更新的记忆单元，这个过程类似于计算机中的寻址操作。G 模块只更新 $H(x)$ 寻址到的记忆单元，其他记忆单元保持不变。O 模块是根据输入的特征向量在所有记忆单元中选出前 k 个最相关的记忆单元，具体步骤如下：

首先选择记忆中最相关的记忆单元：

$$m_{O_1} = O_1(x,m) = \arg \max_{S_0}(x,m_i) \tag{5.16}$$

其中，S_0 是计算输入向量与每个记忆单元相似度的函数；i 的取值范围是 1 到 N，N 为记忆单元的大小。

然后结合 m_{O1} 和输入 x 选择与它们最相关的记忆单元 m_{O2}，其定义如下：

$$m_{O_2} = O_2([\ x,m_{O_1}],m) = \arg \max_{S_1}([\ x,m_{O_1}],m_i) \tag{5.17}$$

重复上述步骤，通过 x 与 $\{m_{O_1},m_{O_2},\cdots,m_{O_{k-1}}\}$ 运算得到 m_{O_k}，从而选出输入在所有记忆单元中最相似的 k 个记忆单元。随后，将得到的 x 与最相似的 k 个记忆单元 $m_{O_1},m_{O_2},\cdots,m_{O_k}$ 传递给 R 模块，并利用其获得最终结果。R 模块的定义如下：

$$r = \arg \max_{S_R}([\ x,m_{O_1},m_{O_2},\cdots,m_{O_k}],w) \tag{5.18}$$

记忆网络是一个具有普适性的框架。在记忆网络的基础上，研究者又提出了 End-to-End Memory Networks[8]、Dynamic Memory Networks[9] 等。

5.3.2　神经图灵机

神经图灵机 NTM 参考了计算机体系结构中的图灵机（Turing Machine），由一个控制器和一个内存矩阵构成，如图 5.6 所示。如果将神经图灵机比作计算机的话，控制器就是 CPU，内存矩阵就是寄存器。控制器根据输入对内存矩阵进行读写操作，从而实现对记忆单元的不断更新。在具体实现过程中，控制器可以由一个简单的前馈网络或 RNN 实现。前馈网络的优点是计算复杂度较低，透明度高。RNN 的优点是能够通过自身的内部记忆存储机制扩展读写规模，因此每个时间步不会受到单次读写的限制。因此，神经图灵机的控制器大多由 RNN 或者其变种组成。

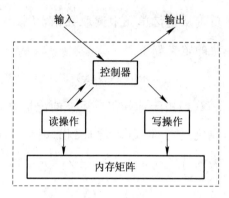

图 5.6　神经图灵机结构图

神经图灵机的核心是读操作(Reading)和写操作(Writing)，接下来分别对两部分进行介绍。

1. 读操作

控制器通过读操作确定从内存矩阵中读取到的记忆大小 r_t。控制器根据当前的输入，读取内存矩阵中有用的信息。在 t 时刻，记忆矩阵 M_t 是一个 $N \times M$ 的矩阵，N 是记忆单元容量，M 是一个独立的记忆向量，W_t 是 t 时刻 N 个记忆的权重向量，在时刻 t，读取的记忆定义如下：

$$r_t = \sum_i^N W_t(i) \cdot M_t(i) \qquad (5.19)$$

其中，权重 $\sum_i^N W_t(i) = 1$，其本质是对 N 个记忆进行的加权求和。

2. 写操作

神经图灵机的写操作与 LSTM 写操作类似，首先回顾一下 LSTM 中是如何把当前时刻的信息写入到隐藏层的。LSTM 由三个门控单元组成，输入门选择从输入中保留的信息，遗忘门选择从隐藏层中丢弃的信息，更新门加上保留的信息并减去丢弃的信息，最后把当前时刻的信息写入到隐藏层。

接下来详细介绍神经图灵机的写操作。首先利用控制器中的信息生成一个擦除向量 e_t(erase vector)和一个增加向量 a_t(add vector)，分别表示要增加和删除的信息。向量中每个元素的大小为 0 到 1，向量长度为 N。然后利用 e_t 执行擦除操作，擦除程度由 w_t 决定，其定义如下：

$$\boldsymbol{M}'_t(i) = \boldsymbol{M}_{t-1}(i)\left[1 - w_t(i)e_t(i)\right] \tag{5.20}$$

上述操作表示从 $t-1$ 时刻的记忆中擦除了一些信息。如果 w_t 和 e_t 都为 0，则表示无须擦除。执行完擦除操作后，进一步执行写操作，写操作定义如下：

$$\boldsymbol{M}_t(i) = \boldsymbol{M}'_t(i) + w_t(i)a_t \tag{5.21}$$

其中，a_t 表示控制器新写入记忆单元的内容；$w_t(i)$ 表示其写入第 i 个记忆单元的权重，它直接决定着当前输入与记忆的相关性。在神经图灵机中提出了两种机制来确定 w_t，分别是基于内容的寻址(Content Based Addressing)和基于位置的寻址(Location Based Addressing)。

1）基于内容的寻址

基于内容的寻址采用余弦相似度函数(Cosine Similarity)进行寻址。该机制首先将控制器给出的 k_t 向量作为查询向量，然后计算 k_t 与 $\boldsymbol{M}_t$ 中每一个记忆单元的余弦相似度，并通过 Softmax 函数进行归一化，得到基于内容寻址机制的权重 w_t^c 为

$$w_t^c = \frac{\exp(\beta_t K[\boldsymbol{k}_t, \boldsymbol{M}_t(i)])}{\sum_j \exp(\beta_t K[\boldsymbol{k}_t, \boldsymbol{M}_t(i)])} \tag{5.22}$$

其中 $k[\cdot, \cdot]$ 是余弦相似度的计算，定义如下：

$$k[\boldsymbol{u}, \boldsymbol{v}] = \frac{\boldsymbol{u} \cdot \boldsymbol{v}}{\|\boldsymbol{u}\| \cdot \|\boldsymbol{v}\|} \tag{5.23}$$

2）基于位置的寻址

基于位置的寻址主要是考虑不同记忆单元的位置关系来设计权重。这种寻址方式可以分为三个步骤：

（1）插值(Interpolation)。

插值实际上是一种对权重的线性组合。在得到基于内容寻址的权重 w_t^c 的基础上，首先设计门限 g_t 将上一个时间步 $t-1$ 的权重 w_{t-1} 和本时间步 t 的权重 w_t^c 进行线性组合，得到新的权重 w_t^g：

$$w_t^g = g_t w_t^c + (1 - g_t)w_{t-1}^g \tag{5.24}$$

（2）偏移（Shift）。

对于 w_t^g 中的每个位置元素 $w_t^g(i)$ 考虑与它相邻的 k 个位置元素，认为这 k 个元素与 $w_t^g(i)$ 相关，如当 $k=3$ 时，三个相邻元素分别是 $w_t^g(i)$ 本身、与之相差一个位置的元素 $w_t^g(i-1)$ 和 $w_t^g(i+1)$，并用一个长度为 3 的偏移权值向量 s_t 来表示这三个元素的权重，然后对权值求和得到输出值 w'_t，具体可表示为

$$w'_t = \sum_{j=0}^{N} w_t^g(i+j)s(j) \tag{5.25}$$

偏移向量中所有元素的和为 1，而每个元素具体的取值是一个超参数，可根据需要自行设计。例如对于上述 $k=3$ 的情况，一个可行的偏移向量为 $[0.1, 0.8, 0.1]$。

（3）锐化（Sharpen）。

尽管偏移操作可以考虑记忆网络中其他记忆单元对权重的影响，然而过多地考虑则会使权重平均分散到所有的记忆单元上，从而降低了记忆单元对结果的影响。因此，NTM 又设计了锐化操作，来提升网络对于目标记忆单元的关注程度。具体来说，控制器生成一个参数 $\gamma_t > 1$，然后对各个权值进行 γ_t 归一化，具体如下：

$$w_t(i) = \frac{w'_t(i)^{\gamma_t}}{\sum_j w'_t(i)^{\gamma_t}} \tag{5.26}$$

于是，得出了最终的 $w_t(i)$ 用于提取和存储记忆。

整个神经图灵机结构包括两部分：控制器和内存矩阵。控制器是整个神经图灵机的核心，对内存矩阵的读写操作都需要控制器产生各种权重进行辅助计算。读操作负责从内存矩阵中读取需要的记忆，写操作则根据控制器产生的擦除向量和增加向量对内存矩阵进行消除和写入。经过一轮的读写操作后，控制器再次根据读操作返回的信息，得出模型的最终输出。

5.4　循环神经网络在手势识别中的应用

静态手势由单幅图像构成，而动态手势由视频或连续的图片构成。动态手势识别中的输入数据是一种序列化的数据，不能由某一帧或某几帧代替。进行手势识别的时候需要考虑输入数据的上下文关系，因此静态手势识别的建模方法不适

用于动态手势识别。传统的二维神经网络主要是用来提取数据的空间信息的，用这种方法提取输入数据的时间信息存在困难，因此在动态手势识别中采用循环神经网络或记忆网络等能够对时间信息有较好的提取效果的网络结构。一般是先用卷积网络来提取输入数据的空间信息，然后再用循环神经网络或者记忆网络来处理时间信息，以此来解决动态手势识别的问题。

5.4.1　RNN 在手势识别中的应用

在人机交互的真实场景中，动态手势识别的难点在于如何把识别结果实时地反馈给用户。为了能够在动态手势识别中为用户提供快速的反馈，Molchanov 等人[10]提出了一种利用三维卷积神经网络和循环神经网络(RNN)的动态手势识别算法。如图 5.7 所示，输入视频分为 N 段，每段有 m 帧(其中 $m \geqslant 1$)，将各个视频段分别送入三维卷积神经网络，用于提取每个视频段的时空特征 f_t, f_{t+1}, $\cdots$, f_{t+N}。与将整个视频送入三维卷积神经网络提取时空特征相比，把视频分 N 段后分别提取时空特征所耗费时间减少为原来的 $1/N$。但把连续的视频分为 N 段破坏了时间信息，因此引入 RNN，将三维卷积神经网络得到的每个视频段的时空特征送入 RNN 中用于提取整个视频的时间信息。RNN 在这里起到了整合 N 个视频

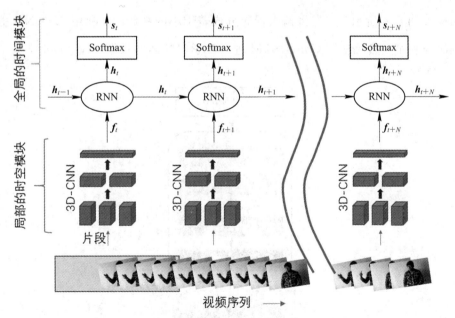

图 5.7　利用三维卷积神经网络和 RNN 的动态手势识别网络[10]

段的作用，补全了因分割视频而丢失的时间信息。最后利用 Softmax 函数将 RNN 生成的隐藏层状态 h_t，h_{t+1}，$\cdots$，h_{t+N} 转化为个 N 手势概率值 s_t，s_{t+1}，$\cdots$，s_{t+N}。

RNN 在动态手势识别中能够起到提取时间信息的作用，动态手势识别输入的是序列化的信息，与 RNN 的结构十分契合，因此涌现出越来越多将 RNN 与 CNN 结合来进行手势识别的研究成果。如 Hu 等人[11]将 CNN 与 RNN 结合，并引入了注意力机制，更深层地挖掘了帧与帧之间的时间信息。

5.4.2 LSTM 在手势识别中的应用

LSTM 在手势识别任务中也有很多应用，例如 Zhu 等人[12]利用 ConvLSTM 与 CNN 结合来进行动态手势识别。ConvLSTM 的本质和 LSTM 一样，都是将上一层的输出作为下一层的输入，不同的地方在于 ConvLSTM 把 LSTM 里面所有的乘法操作变成了卷积操作。ConvLSTM 能够将时间特征和空间特征更好地结合，并且 ConvLSTM 将卷积操作的步长都设置为 $(1,1)$，这样不会改变空间域的大小，也不会造成空间信息的损失。此外，ConvLSTM 在每个时间步上输出的二维时空特征都融合了过去帧的时空特征，能够将时空学习更紧密地结合起来。

在 2017 年，Zhu 等人提出了一种将 3D CNN 与 ConvLSTM 结合的应用[12]，其结构如图 5.8 所示，首先将输入视频分成若干小的视频段，利用 3D CNN 提取短期时空特征，然后利用 ConvLSTM 进一步学习整体的长期特征。同时，为了让

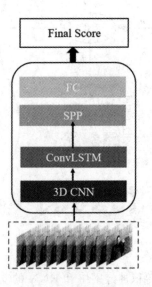

图 5.8　ConvLSTM 与 3D CNN 的结合

网络能够对 ConvLSTM 的输出进行更好的分类，他们使用空间金字塔池化（Spatial Pyramid Pooling，SPP）将特征归一化处理，以保证不同长度的视频可以有相同长度的特征，并最终利用该特征完成分类。

　　在 2018 年，Zhu 等人[13]提出了一种更有效的 3D CNN 与 ConvLSTM 结合的网络结构，并将其应用于连续手势识别。其网络结构如图 5.9 所示，首先使用时域空洞 Res3D 网络将连续的手势序列分割成独立的手势片段，同时考虑到边界帧（两个手势中间的过渡帧）与手势帧的数量并不均衡，他们使用了平衡化的平方铰链损失函数（balanced squared hinge loss）来处理这一问题。最后，采取类似文献[12]的方法，他们结合 3D CNN 与 ConvLSTM 来提取各个独立手势之间的长时间信息，并使用 2D MobileNet 构建识别网络来实现最终的识别。

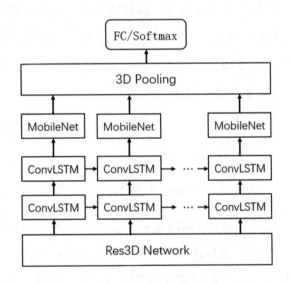

图 5.9　优化后的 3D CNN 与 ConvLSTM 的结合[13]

5.4.3　记忆网络和 LSTM 相结合在手势识别中的应用

　　本节介绍一种由 Yuan 等人[14]提出的记忆网络和 LSTM 相结合的手势识别算法。它将手势视频的特征提取过程分解为时间和空间两部分，最后再进行融合。其网络结构如图 5.10 所示，RGB 这一分支用于提取视频中的空域信息，光流这一分支用于提取视频中的时域信息。双流网络结构能够更加有效地提取视频的空域和时域信息。

　　首先通过卷积神经网络分别来提取 RGB 数据和光流数据的特征，然后使用

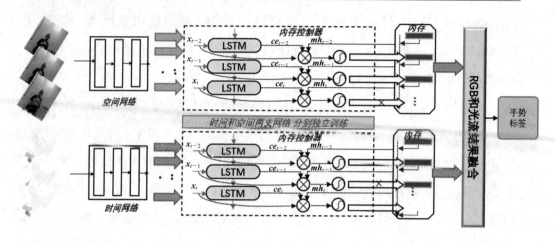

图 5.10　记忆网络结合 LSTM 结构图

LSTM 来获取这些特征的上下文关系。同时通过内存控制器来处理当前时刻的特征，将符合条件的特征写入到内存中，以达到增大"记忆空间"的目的。最终把内存中的所有特征进行合并用于表示输入视频，再通过 Softmax 来分类，分类的结果是对 RGB 或者光流的结果取平均。

在该模型中，读操作是在每个时刻把内存模块里面所有项取平均，定义如下：

$$mh_t = \sum_{i=0}^{N_t} m_i \tag{5.27}$$

其中，m_i 表示内存模块中第 i 块的内存，N_t 表示当前时刻内存的大小。

写操作是通过 LSTM 输出的隐藏层状态 h_t、当前帧的特征向量 x_t、当前时刻从内存中读出的特征向量 mh_t 三者来共同决定当前帧的特征向量是否写入到内存中。具体操作如下所示：

$$q_t = \sigma(v_s^T \cdot \text{ReLU}(W_{sf}x_t + W_{sh}h_1 + W_{sm}mh_t + b_s)) \tag{5.28}$$

其中，W_{sf}、W_{sh}、W_{sm} 表示权重矩阵，b_s 是偏差。v_s^T 是一个变化矩阵，其目的是把经过 ReLU 函数后的矩阵变成一个预测值。σ 表示 Sigmoid 函数。最终得到的 q_t 如果大于 0.5 则将 x_t 写入到内存中，反之则不写入到内存。

该算法巧妙地结合了 LSTM 以及记忆网络，利用记忆网络解决了 LSTM 记忆力有限的问题，同时，双流网络的使用能使时空信息利用得更加充分。

5.5 本 章 小 结

本章首先介绍了循环神经网络 RNN 及其变种，包括 LSTM、GRU 等，以及结合外部存储单元的记忆网络。随后分别举例说明了不同的网络在手势识别中的应用。值得注意的是，在手势识别中循环神经网络以及记忆网络一般只起到提取时域信息的作用，因此常常与卷积神经网络配合使用。

参 考 文 献

[1] HOPFIELD J. Neural networks and physical systems with emergent collective computational abilities[J]. Proceedings of National Academy of Sciences，1982，79(8)：2554-2558.

[2] JORDAN M I. Serial order：a parallel distributed processing approach[J]. Advances in Connectionist Theory，1986：1-46.

[3] HOCHREITER S，SCHMIDHUBER J. Long short-term memory[J]. Neural Computation，1997，9(8)：1735-1780.

[4] CHO K，Van Merriënboer B，GULCEHRE C，et al. Learning phrase representations using RNN encoder-decoder for statistical machine translation[C]// Proceedings of Conference on Empirical Methods in Natural Language Processing，2014：1-15.

[5] SCHUSTER M，PALIWAL K. Bi-directional recurrent neural networks [J]. IEEE Transactions on Signal Processing，1997，45(11)：2673-2681.

[6] GRAVES A，WAYNE G，DANIHELKA I. Neural turing machines[J]. arXiv preprint arXiv：1410. 5401，2014.

[7] WESTON J，CHOPRA S，BORDES A. Memory networks[J]. arXiv preprint arXiv：1410. 3916，2014.

[8] SUKHBAATAR S，SZLAM A，WESTON J，et al. End-to-end memory networks [C]//Proceedings on Advances in Neural Information Processing

Systems，2015：1-9.

[9] KUMAR A，IRSOY O，ONDRUSKA P，et al. Ask me anything：dynamic memory networks for natural language processing［C］//Proceedings of International Conference on Machine Learning. 2016：1378-1387.

[10] MOLCHANOV P，YANG X，GUPTA S，et al. Online detection and classification of dynamic hand gestures with recurrent 3D convolutional neural network［C］//Proceedings of IEEE Conference on Computer Vision and Pattern Recognition. 2016：4207-4215.

[11] HU Yu，WONG Yongkang，WEI Wentao，et al. A novel attention-based hybrid CNN-RNN architecture for sEMG-based gesture recognition［J］. PLoS one，2018，13(10)：e0206049.

[12] ZHU Guangming，ZHANG Liang，SHEN Peiyi，et al. Multimodal gesture recognition using 3D convolution and convolutional LSTM［J］. IEEE Access，2017，5：4517-4524.

[13] ZHU Guangming，ZHANG Liang，SHEN Peiyi，et al. Continuous gesture segmentation and recognition using 3D CNN and convolutional LSTM［J］. IEEE Transactions on Multimedia，2018，21(4)：1011-1021.

[14] YUAN Yuan，WANG Dong，WANG Qi. Memory-augmented temporal dynamic learning for action recognition ［C］//Proceedings of AAAI Conference on Artificial Intelligence. 2019：9167-9175.

第 6 章　基于多模态数据融合的手势识别方法

对于计算机视觉任务而言，数据本身至关重要。特别是在基于深度学习的方法中，数据往往会直接影响模型的性能。通常来说，每一种不同来源或形式的数据都是一种模态。本章将主要介绍包括深度、红外等数据在内的几种具有代表性的不同模态数据及它们的获取方法。同时还将介绍如何通过不同的融合策略综合利用不同模态数据的特性，使得这些模态数据更好地与手势识别任务相结合。

6.1　多模态数据的生成

6.1.1　深度数据

在计算机视觉任务当中，除了 RGB 图像外，较为常见的就是深度图像。深度图像通过像素的不同灰度值反映场景中每个点距离成像设备的远近程度。尽管这是一种二维图像，但由于深度数据能够体现三维场景中的距离信息，因此其在各类计算机视觉任务当中均得到了较为广泛的应用。目前，获取深度数据的方法根据拍摄设备运行原理的不同基本可以分为两大类，即被动测距传感和主动测距传感。以下将分别对这两类方法展开介绍。

1. 被动测距传感

被动测距传感无须成像设备本身发射信号即可完成采集。其中最常用的方法是基于视差原理的双目立体视觉法，这一方法首先利用两个摆放位置交叉的成像设备从不同角度对同一物体进行拍摄，之后通过立体匹配算法将两幅图像中的像素点进行匹配和对应，由此计算出视差信息。最终根据相应的相机位置参数等信息对场景内物体的距离信息进行估计。除此之外，目前也有一些单目深度估计（monocular depth estimation）算法，它们甚至无需多台成像设备，只需要通过单幅 RGB 图像本身的亮度特征、对比度特征等信息即可实现对目标场景深度的估计[1-2]。

2. 主动测距传感

相比被动测距传感方法，主动测距传感需要设备发射信号来完成深度信息的采集。这种信号可以是红外脉冲、激光或结构光等。基于主动测距传感的采集设备有很多种，主要包括 TOF（Time of Flight）相机、激光雷达、结构光深度相机等。

TOF 相机获取深度图像的原理是相机对目标场景发射连续的近红外脉冲，并接收物体的反射信号，通过比较发射和接收的红外脉冲信号的时间差，就可以推算得到物体相对于发射器的距离，最终得到一幅深度图像，从而完成对场景深度的估计。

激光雷达测距技术与 TOF 类似，但其发射的是激光而非近红外脉冲。在获取深度数据时，激光雷达会按照一定的时间间隔发射激光，对整个场景进行扫描，随后同样通过计算发射激光与接收到各个场景点反射信号的时间差，推算出物体与激光雷达之间的距离。相比 TOF 相机，激光雷达的优点在于其量程广、精度高，因此激光雷达在室外三维空间感知的视觉系统中有着较为广泛的应用。

与上述方法相同，通过结构光深度相机获取深度图像时，相机一般会将结构光投向场景中，并接收返回的结构光。由于结构光的模式会因为投射到不同物体上而发生形变，因此通过分析相机接收的结构光的位置和形变即可估计出不同位置物体的深度信息。

基于结构光获取深度图像的设备的典型代表是由微软公司推出的可同时获取 RGB 与深度图像的体感设备 Kinect①（如图 6.1 所示）。微软公司开发该设备的初衷是将其用于 Xbox 游戏机中部分体感游戏的信息获取。不过近年来在三维场景重建、多模态信息融合等计算机视觉的研究中 Kinect 也有许多应用。通过 Kinect 获取的 RGB 图像及对应的深度图像如图 6.2 所示。

---

① 详细信息可参见官方网站 https://developer.microsoft.com/zh-cn/windows/kinect/。

图 6.1　Kinect 摄像头实体图

(a) RGB 图像

(b) 深度图像

图 6.2　Kinect 获取的 RGB 图像和深度图像①

以 Kinect 为代表的深度成像设备的发展极大地提升了深度数据的易获取性，因此很多学者开始使用深度数据进行手势识别方法的研究。例如，Dominio 等人[3]只从深度数据中获取手势信息，而不计算整幅图片中的完整姿态。具体而言，该方法首先从深度图像中提取手部对应的区域，并将其进一步细分为手掌和手指。然后提取两组特征：一组用于描述指尖到手掌中心的距离，另一组则用于描述手部轮廓的曲率。最后利用多类别支持向量机分类器对不同的手势进行识别。

6.1.2　红外数据

众所周知，光是一种电磁波，从波长在皮米级以下的 γ 射线到波长为数千米的无线电波都是它的一种。其中人眼可见的部分称为可见光。如图 6.3 所示，可见光的波长范围在 380～760 nm 左右。红外线的波长比可见光中红光的波长更长，大约在 760 nm 到 1 mm 之间。

---

① 数据来自 Chalearn Large-scale Isolated Gesture Dataset。

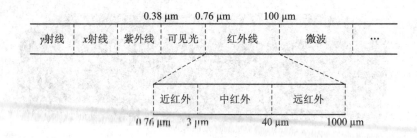

图 6.3　红外线的光谱范围

　　在自然界中，任何温度在绝对零度（−273 ℃）以上的物体都会向外发射红外线。利用这个原理，人们发明了红外热成像技术。热成像摄像机就是基于该技术，通过探测物体发出的红外辐射，从而产生实时的红外图像。在这一过程中，红外热成像设备首先会使用红外传感器和普通的光学成像设备对目标的红外辐射信号进行探测，在对探测到的信号进行滤波放大之后，通过光电转换将光信号转化为电信号，再经过各种处理和编码将其转化为可以直观显示的热成像图，最终显示在显示器上。该工作流程如图 6.4 所示。

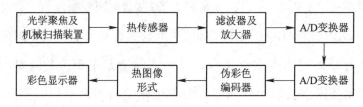

图 6.4　热成像仪工作原理

　　通过红外热成像可以很好地将一些暗光条件下在可见光波段无法成像的信息更为清晰地表现出来。通过红外热成像技术获取的图像如图 6.5 所示，可以看出由于人体的温度与环境中物体的温度相比较高，因此在成像时人体与背景有着明显差异。

(a) 可见光图像

(b) 红外图像

图 6.5　可见光图像与红外图像

Leite 等人[4]将深度数据和红外数据相结合，提出了一种实时静态手势识别的方法。该方法利用深度图进行背景去除和手部位置检测。然后，使用前一帧的手部位置进行跟踪，以寻找当前帧的手部质心。得到的质心作为区域增长算法的输入，并利用算法的结果在深度图中进行手部区域的分割，分割结果以掩码的形式作用于红外帧。之后使用手势识别的运动约束将每一帧图像标记为手势或非手势，并通过使用掩码减法、对比度拉伸、中值滤波和直方图均衡化等方法对标记为手势的帧进行增强。最终对增强后的手势帧提取 SIFT 特征[5]，进而构造视觉词袋，并通过多类别支持向量机分类器进行分类。

Mantecón 等人[6]提出了一种基于 Leap Motion 设备生成的近红外图像的实时手势识别系统，该系统用于识别静态和动态手势。该方法由三个主要步骤组成。首先，该方法通过生成多候选框估计每帧图像中的手部区域。随后用特征向量对这些候选框中的内容进行表征，之后选出其中置信度最大的一个候选框并标记出手部区域的位置。在得到每帧图像的手部区域之后，利用其进行分类，得到每帧图像的一个手势预测结果。最后使用一种投票策略将每帧的预测结果进行融合，计算出一个特征向量，该向量可以看作是预测的手势流的编码，并将其传递给支持向量机来预测最终的手势。

6.1.3　骨骼数据

骨骼数据用于记录人体关键点的位置信息，在描述人体姿态、预测人体行为的任务中发挥着重要作用。因此骨骼数据的生成是人体行为识别、姿态估计等许多计算机视觉任务的基础。骨骼数据的生成首先需要检测出人体的一些关键点，如躯干、手、肘、膝、足等部位，并将这些关键点作为人体信息的抽象。将这些关键点按照人体的结构进行连接，就得到了骨骼数据。骨骼数据的获取在实际操作上，按照成像方式或数据获取来源的不同，可分为以下三类。

1. 通过可穿戴传感器系统进行捕获

获取骨骼数据的一个代表性可穿戴设备是 MoCap[7]，其全称为 Motion Capture。在表演者穿戴好传感设备后，MoCap 会将传感器记录的表演者全身关键点的运动信息加以收集，并最终汇集到外置的计算机设备进行处理。通过 MoCap 获得的数据一般来说都是各个关键点的三维坐标，通过一定的映射和可视化可将这些坐标转化为相应的骨骼图像。

2. 通过 RGB-D 摄像头进行估计

在上文中提到，通过结构光等技术可以获取场景的深度信息。在人进行运动时，其身体不同部分与成像设备的距离也会发生变化，配合普通摄像头获取的 RGB 数据，就可以将人体的轮廓及头、手、足和躯干等不同部位的信息进行更为精细化的描述，配合一些计算机视觉算法就可以将关节点的运动情况记录下来，从而形成对应的骨骼数据[8]。RGB-D 摄像头中以 Kinect 设备最为知名——通过对应的开发工具可以利用 Kinect 分别提取 RGB、深度和骨骼数据。然而，值得注意的是，由于这些设备是基于图像估计骨骼数据的，当人身体的部分区域被遮住或是所获取的深度信息出现缺失时，就无法完整地估计骨骼点的三维坐标信息。换句话说，通过这种方法获取的骨骼信息并不一定十分精确。

3. 只利用 RGB 图像进行人体关键点检测

尽管深度摄像头比起可穿戴传感器来说价格较为低廉，但是与普通 RGB 摄像头相比其价格仍然不能被广泛接受。因此也有学者研究如何通过单幅 RGB 图像来估计骨骼关键点。这种估计既有基于 2D 信息的[9]，也有基于 3D 信息的[10]。值得注意的是，由于人体具有一定的柔韧性，即使是同样的动作，不同的人由于其身体部位的弯曲程度不同也有可能导致不同姿态的产生。此外，关键点的可见性容易受表演者服装、姿态、拍摄视角等因素的影响，且遮挡、光照等外部环境因素也会干扰关键点的检测，因此人体骨骼关键点检测仍具有较高的挑战性。这里将分别简单介绍通过图像形态学和深度学习进行关键点检测的两种方法。

传统的人体骨骼关键点检测算法基本上是基于一定的几何关系先验，使用模版匹配等方法实现的。该思路的关键问题在于如何利用模版匹配的思想去表示人体结构，包括每个部位的结构和不同部位之间的关系等。在理想状态下，通过模板匹配可以匹配动作过程中不同的姿态，最终保证在整个动作序列中都能将人体关键点检测出来[11]。

细化骨骼提取方法是一种基于图像形态学的方法[12]。如图 6.6 所示，通过细化轮廓，对原图按一定的标准将一个连通区域细化成一个像素的宽度，在不改变轮廓形状的前提下，得到最终的骨骼数据，用于特征提取和目标拓扑表示。

近年来随着深度学习的发展，在此基础上也诞生了很多新的方法。基于深度

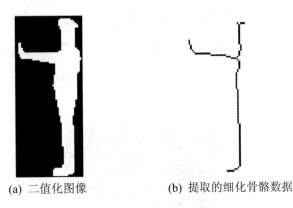

(a) 二值化图像   (b) 提取的细化骨骼数据

图 6.6 基于细化轮廓的骨骼提取方法[12]

学习的人体关键点检测算法可大致分为两个方向，一种是自上而下，一种是自下而上。

自上而下的人体骨骼关键点检测算法主要有目标检测和单人人体骨骼关键点检测两个步骤，即首先对人体整个区域进行目标检测，在此基础上再实现骨骼关键点检测。其中关于人体骨骼关键点检测算法需要注意的问题有三个：首先是人体不同关键点检测的难度差异问题，例如对于人体的四肢和躯干这类关键点的检测要明显难于头部关键点的检测，因此不同的关键点可能需要区别对待；其次是相似的局部区域会导致难以检测出关键点，例如背景和人身体服装部分如果存在相似的纹理就会难以将人体从背景中分离出来，解决这一问题通常考虑使用较大的感受野；最后则是自上而下的人体关键点定位依赖于目标检测算法计算得到的检测框，检测算法性能不佳就会导致误检现象的发生。

自下而上的人体骨骼关键点检测算法主要面向多人骨骼关键点检测，主要包括关键点检测和关键点聚类两个部分。这里的关键点检测与自上而下方法当中的关键点检测基本相同，只是这里的检测重点在于需要将图像中不同人的所有关键点先全部检测出来，然后再使用聚类算法对这些关键点进行处理，将属于同一个人的骨骼关键点相互连接，最终形成多个人的骨骼数据。这一类方法的研究重点是如何更好地学习到不同人的不同关键点之间的差异，从而实现更为准确的聚类。

OpenPose[13]是一种检测人体躯干关键点的深度神经网络，该方法采用多个阶段对人体姿态进行学习，在第一阶段得到不同关键点的热点图谱预测。在此后的阶段它会迭代所有热点图谱的预测值，优化上一阶段的结果，并推测关键点之间的连接信息，利用新学习的人体结构之间的关系，进而实现最终优化，获得如图 6.7 所示的骨骼关键点预测。一组 RGB 图像及使用 OpenPose 对其进行骨骼关键点提取的结果如图 6.8 所示。

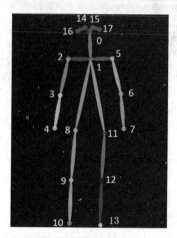

图 6.7　使用 OpenPose 算法提取的骨骼关键点

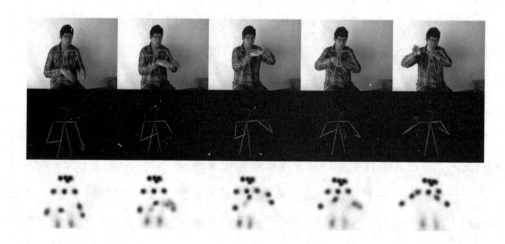

图 6.8　RGB 图像及使用 OpenPose 提取的骨骼关键点图对比

除了人体的骨骼数据，研究者对于手部的骨骼数据也有着较多的研究。Smedt 等人[14]为了使用完整的 3D 骨骼数据来表示手的形状，提出了一种新的基于几个相关关节集的描述符，即连接关节的形状（Shape of Connected Joints, SoCJ）。该描述符由利用高斯混合模型得到的 Fisher 向量进行编码。另外，该方法还利用骨骼数据分别提取了手部方向直方图特征、手腕转动直方图特征，并利用时间金字塔对整个手部动作的时间信息进行了提取。最终的特征向量使用线性SVM 分类器进行分类。

Hou 等人[15]提出了一种基于骨骼数据的时空注意力残差卷积时间网络(STA-Res-TCN)用于动态手势识别。该网络首先利用缩放、移动、时间插值和添加噪声等方法进行数据增强，以防止过拟合，然后使用 STA-Res-TCN 进行特征提取和分类。该网络在时间卷积网络(Temporal Convolutional Networks, TCN)的基础上通过一个掩码分支自适应地学习不同层次的注意力，并将这些注意力融合到主干网络提取的时空特征中。这种注意力分支能够帮助网络自适应地关注样本的时间信息，同时排除无关内容引起的噪声干扰。

另外，也有研究者将骨骼数据和其他模态数据一起使用。例如，Ionescu 等人[16]提出了一种基于手部二维骨骼表示的动态手势识别技术。该方法将每个手势的骨骼数据叠加生成的单个图像作为手势的动态特征。Wang 和 Chan[17]则使用了 Kinect 设备提供的深度图和骨骼数据，并利用超像素(Superpixels)的概念来表示手形和相应的纹理。另外，他们在此基础上还提出了一种名为"Superpixel Earth Mover's Distance"的距离度量方法，以此来表示不同手势之间的相似性。

6.1.4　光流数据

在 3.2.6 节中，我们简单介绍过光流数据的定义。一般来说，光流是由场景中目标的运动、相机的运动或两者间的相对运动所产生的。光流主要体现了图像中的变化情况，而对于手势动作而言，它本身就是视频序列中的一种变化，故而也可以用光流数据来描述手部的运动情况。

1981 年，Horn 和 Schunck[18]首次将光流与灰度相联系，引入了光流约束方程并给出了光流计算的基本方法。此后，研究者开始基于不同的理论提出各种光流计算方法。本节将介绍 Brox 等人[19]提出的通过基于亮度恒常性、梯度恒常性和时空平滑约束假设的能量方程来计算光流特征的方法。

在给出上述能量方程之前，这里先介绍能量方程所需要的约束条件。

1. 亮度恒常性假设

光流估计一般假定像素的亮度值不受位移的影响，即

$$I(x,y,t)=I(x+u,y+v,t+1) \tag{6.1}$$

其中，$I:\Omega \subset R^3$，R 为矩形图像序列，$(u,v,1)^T$ 为 t 时刻的图像与 $t+1$ 时刻的图像之间的搜索位移向量。将该亮度值恒常性假设线性化即可得出著名的光流约束，具体可表示为

$$I_x u + I_y v + I_t = 0 \qquad (6.2)$$

其中，设 u 和 v 分别为光流沿 x 轴与 y 轴的速度矢量，I 是光强度。这种线性化仅在假设图像沿位移线性变化的情况下有效。

2. 梯度恒常性假设

亮度恒常性假设有一个很大的缺点，那就是它很容易受到亮度变化的影响，而在自然场景中亮度的变化是十分常见的。因此，需要允许亮度值有一些小的变化，并且可以通过一个不受亮度值变化影响的判据来帮助确定位移矢量，该判据为图像亮度值的梯度。图像亮度值的梯度公式如下：

$$\nabla I(x,y,t) = \nabla I(x+u,y+v,t+1) \qquad (6.3)$$

其中，$\nabla = (\partial_x, \partial_y)^T$ 表示空间梯度。

3. 时空平滑约束假设

在上述约束中，模型只是估计一个局部像素的位移，而没有考虑相邻像素之间的相互作用。因此一旦梯度在某个地方消失或者只能够估计出法线方向的梯度，该模型就会出现错误。此外，光流估计中还可能会出现一些异常值。所以需要引入光流场的平滑约束假设。这种平滑约束在只有两帧图像可用时可以单独应用于空间域，而在需要计算图像序列中的位移时可以应用于时空域。

有了上述的约束假设，就可以给出用于计算光流特征的能量方程：

$$E(u,v) = E_{\text{Data}} + \alpha E_{\text{Smooth}} \qquad (6.4)$$

其中，$\alpha > 0$ 是一个正则化参数。E_{Data} 的表达式为

$$E_{\text{data}}(u,v) = \int_\Omega \left[\psi(|\Delta I(x)|^2) + \gamma |\Delta G(x)|^2 \right] \mathrm{d}x \qquad (6.5)$$

其中，γ 是用于平衡两者的权重系数；ΔI 和 ΔG 分别表示视频两帧间的亮度变化量和梯度变化量；$\psi(s^2)$ 是一个递增凹函数，用来增强能量方程的鲁棒性；Ω 为积分区间，即整个视频。E_{Smooth} 可表示为

$$E_{\text{Smooth}}(u,v) = \int_\Omega \psi(|\nabla_3 u|^2 + |\nabla_3 v|^2) \mathrm{d}x \qquad (6.6)$$

式中，∇_3 表示平滑约束假设中的时空梯度。通过拉格朗日方程和数值近似来最小化该能量函数，即可获得最终的光流结果。该方法生成的光流图像如图 6.9 所示。

(a) 可见光图像　　　　　　　　　　　(b) 光流图像

图 6.9　可见光图像对应的光流图像

光流数据也是手势识别方法中常用的一种模态数据。Wang 等人[20] 在双流网络的基础上提出了时间分割网络（Temporal Segment Networks，TSN）。该网络用于视频行为识别。TSN 的结构为双流结构，一流为用于学习图像维度信息的空间卷积网络，另一流为用于学习时间维度信息的时间卷积网络。该方法将一个视频分为多个片段，对于每一个片段随机采样一帧 RGB 图像作为空间卷积网络的输入，而时间卷积网络的输入则是该片段对应的光流数据。网络将对每个片段都给出关于行为类别的初步预测，最终将所有片段预测的结果进行融合得到整个视频的预测类别。

Narayana 等人[21] 则提出了基于多通道融合的 FOANet 网络。该网络使用四种模态数据作为输入，包括 RGB 数据、深度数据、RGB 数据生成的光流数据（RGB Flow）和深度数据生成的光流数据（Depth Flow）。每一种模态均使用网络提取全局特征，使用空间注意力机制提取左手和右手特征。最终使用一个稀疏网络将这些特征进行融合，以此得到最终的分类结果。

6.1.5　显著性数据

一般来说，显著性算法大多以人类观察事物时的注意力为依据，提取图像中较为明显的区域。根据是否利用仿生学理论，显著性算法可分为基于生物学的方法和基于统计的方法两种，也有部分算法将两者结合以提取图像中的显著性目标。

基于生物学的方法中，Koch 和 Ullman[22] 提出的生物学可行性架构比较具有代表性。Itti 等人[23] 在这一架构的基础上使用高斯函数差分（Difference of Gaussians，DoG）来确定中心区域和周围区域的对比度。Frintrop 等人[24] 则基于 Itti 等人的工作提出使用一个方形滤波器确定中心区域和周围区域的对比度，并使用积分图来提高运算速度。基于统计的方法一般不依赖仿生学理论。例如，Ma 等人[25] 和 Achanta 等人[26] 利用中心区域和周围区域的特征距离来估计显著性。Hu 等人[27] 使用直方图阈值特征和启发式方法来提取显著性目标。另外，还有部分方法将两者结合起来实现显著性目标的提取。例如，Harel 等人[28] 虽然使用基于生物学信息的方法进行特征映射，但使用基于统计的直方图方法来进行标准化处理。

本节将主要介绍 Achanta 等人[29] 提出的显著性估计方法。该方法基于频率调谐的思想使用颜色特征和亮度特征来计算中心和周围区域的对比度。在进行显著性估计时，显著性滤波器需要满足以下需求：

（1）强调最大的显著对象；

（2）均匀地突出整个显著区域；

（3）为显著对象建立明确的边界；

（4）去除由纹理、噪点和块效应（Block Artifacts）等干扰产生的高频噪声；

（5）高效输出清晰的显著性图像。

事实上，为了突出目标对象，需要考虑原始图像中较低频率的特征；为了明确目标与背景之间的边界，需要保留原始图像中的高频率区域；为了解决由纹理、噪点和块效应等干扰产生的高频噪声，需要忽略最高频率的区域。因此该方法使用了多个 DoG 滤波器，并在连续的带宽上将它们的输出相结合。DoG 滤波方程如下：

$$\text{DoG}(x,y) = \frac{1}{2\pi} \left[\frac{1}{\sigma_1^2} e^{-\frac{(x^2+y^2)}{2\sigma_1^2}} - \frac{1}{\sigma_2^2} e^{-\frac{(x^2+y^2)}{2\sigma_2^2}} \right]$$

$$= G(x,y,\sigma_1) - G(x,y,\sigma_2) \tag{6.7}$$

其中，σ_1 和 σ_2 为高斯分布的标准差，且 $\sigma_1 < \sigma_2$。因为 DoG 滤波器是一个简单滤波器，所以它的带宽由 $\sigma_1:\sigma_2$ 这一比例控制。如果定义 $\sigma_1 = \rho\sigma$、$\sigma_2 = \sigma$，则多个标准差

比例为 ρ 的 DoG 滤波器的和为

$$\sum_{n=0}^{N-1} G(x,y,\rho^{n+1}\sigma) - G(x,y,\rho^n\sigma) = G(x,y,\sigma\rho^N) - G(x,y,\sigma) \qquad (6.8)$$

令 $K=\rho^N$，则一个频带较宽的 DoG 滤波器可以通过使用一个较大的 K 值得到。为了使得 K 值较大，就需要将 σ_1 增加到无穷大，此时对图像的滤波可以看作计算整幅图像的平均值。为了去除高频噪声和纹理，σ_2 需要使用一个小的高斯核。因此，显著图的计算方法如下：

$$S(x,y) = \| I_\mu - I_{\omega_{hc}}(x,y) \| \qquad (6.9)$$

其中，I_μ 为原始图像的算数平均像素值；$I_{\omega_{hc}}(x,y)$ 为原始图像的高斯模糊版本，$\| \cdot \|$ 为 L2 范数。通过以上方法得到的显著性图像如图 6.10 所示。

(a) 可见光图像　　　　　　　　　　　(b) 显著性图像

图 6.10　可见光图像与对应的显著性图像

由于显著性算法是对图像的处理，因此首先要将每一个视频分解成图像序列，然后对每一帧图像获取显著性图像，最后将获取的每一帧显著性图像按照先后顺序组合起来，便可以得到利用显著性算法处理后的视频。

基于显著性数据，Duan 等人[30] 提出了一个多模态数据融合的双流网络架构，将 RGB 数据、深度数据和显著性数据集成在一起。该架构用于解决三维结构信息的丢失，减少来自背景、噪声和其他外部因素的干扰。该网络分为双流投票网络（Two Stream Consensus-Voting Network，2SCVN）和 3D 深度－显著性网络（3D Depth-Saliency Stream Network，3DDSN）两部分。其中，2SCVN 通过两个流学习来自给定输入的时间和空间信息。2SCVN 中的空间流使用 RGB 图像和深度图像作为输入，而时间流使用 RGB 图像和光流图像作为输入。空间流和时间流的预测分数共同作为 2SCVN 的预测结果。而 3DDSN 则使用深度图像和显著性图像隐式地学习时间信息和空间信息。最后将 2SCVN 和 3DDSN 的得分进一步融合作为最终的预测结果。

Miao 等人[31]提出了一种基于 ResC3D 网络[32]的在大规模数据集上的多模态手势识别方法。该方法首先对 RGB 数据和深度数据进行视频增强，以此来去除噪声和光照影响；然后在此基础上以运动强度为依据结合关键帧注意机制来抽取最具代表性的帧进行手势识别；之后将 RGB 数据、深度数据和由 RGB 数据生成的光流数据等多模态数据送入 ResC3D 网络来提取时空特征；最后使用典型相关性分析将特征融合在一起，通过线性支持向量机分类器得到最终的识别结果。

6.2　不同模态数据的融合算法

一般来说，每一种不同来源或形态的数据都是一种模态。在 6.1 节中介绍的每一种数据都是手势识别领域中常用的数据模态。多模态融合是将两个或者两个以上的模态数据通过一定的方式组合到一起的策略。尽管某些显著特征（如物体的轮廓等）在不同模态数据上的表现具有一致性，但不同模态数据在细节上往往存在着较大不同。

例如在手势识别领域，可见光图像能够更好地表现目标的纹理特征。而相比于 RGB 图像，深度图像则能够更多地反映目标距离成像设备的远近。这种距离信息是传统 RGB 模态无法提供的。更重要的一点是，深度信息与物体的颜色无关，因此可以排除光照、阴影、环境变化的干扰。而光流模态则可以很好地获取手势的运动信息，这在基于视频数据的动态手势识别任务中是十分重要的。因此，如果能合理地结合多模态信息，就能得到更具有辨别性和鲁棒性的多模态特征，从而更全面地描述手势动作。

多模态融合方法是基于多模态数据的深度学习的关键所在。根据融合数据抽象程度的不同，多模态融合方法可以分为数据级融合、特征级融合、决策级融合及混合融合等[33]。数据级融合是指对输入的多种模态的原始数据直接进行融合；特征级融合是指在通过神经网络或算法提取特征后将特征融合，再将融合的特征用作分类或回归任务的输入（通常只需连接各模态特征）；决策级融合是指先用每种模态数据直接获得最终结果（例如输出分类的概率），再将不同模态的结果根据一定的规则进行比较或结合，从而得到一个综合的结果；混合融合则是结合了两种或多种融合方式，在模型的不同阶段同时进行融合。本节以手势识别为出发点，对上述融合方法进行介绍。

6.2.1　数据级融合

如图 6.11 所示，数据级多模态融合是最底层的融合策略。该融合策略直接在原始数据上进行融合，再对融合数据进行特征分析和判断。

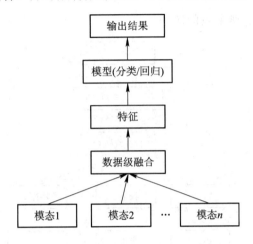

图 6.11　数据级融合方法

数据级融合的主要优点是最大程度上保留了原始数据的细节信息。而这种方法的缺点一方面在于所需处理的原始数据量太大，融合的时间复杂度较高；另一方面要求不同模态的信息之间具有精确到像素级的配准精度，否则会因不同模态数据中物体轮廓差异带来的噪声影响后续处理。从图 6.12 可以看出，由于 RGB 数据和深度数据未经过配准，融合时出现了明显的重影现象，因此数据级的融合可能会产生无意义的结果。

图 6.12　未经配准的 RGB 和深度视频单帧数据级融合的效果

6.2.2　特征级融合

如图 6.13 所示,特征级融合是在对不同模态的原始数据经过神经网络或人工提取特征后,再进行融合的一种方式。由于不需要对数据形式进行统一,因此可以避免各模态原始数据间尺度的不一致性问题。同时,特征级融合在一定程度上实现了信息压缩,有利于减少算法的时间复杂度。以下将介绍几种特征级融合方法及它们在手势识别领域的应用。

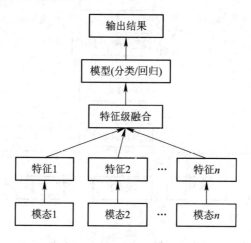

图 6.13　特征级融合方法

1. 特征级融合方法

1) 逐点相加策略与特征串联策略

最经典的特征级融合方法包括特征的逐点相加(Point-Wise Addition)和特征串联(Concatenation)两种。从图 6.14 中可以发现,逐点相加是将不同模态的特征向量对齐,并将相同位置上的元素相加;特征串联则是将两种不同模态的特征拼接为一个更长的特征向量。因此相比于特征串联,逐点相加要求进行融合的向量本身维度一致。

接下来我们用公式具体说明不同的融合方法。假设两组特征向量分别为 $X=[X_1, X_2, \cdots, X_n]$ 和 $Y=[Y_1, Y_2, \cdots, Y_n]$,那么逐点相加策略的融合特征 Z_{add} 可表示为

$$Z_{\mathrm{add}} = (X+Y)*K \tag{6.10}$$

其中 $*$ 表示卷积,K 表示卷积核。

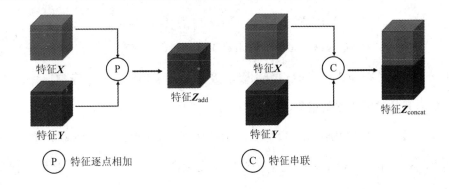

图 6.14　逐点相加策略和特征串联策略的融合方法

特征串联的融合特征 $\boldsymbol{Z}_{\mathrm{concat}}$ 可表示为

$$\boldsymbol{Z}_{\mathrm{concat}} = \boldsymbol{X} * \boldsymbol{K}_X \oplus \boldsymbol{Y} * \boldsymbol{K}_Y \tag{6.11}$$

其中，$\boldsymbol{K}_X$ 表示特征向量 $\boldsymbol{X}$ 对应的卷积核，$\boldsymbol{K}_Y$ 表示特征向量 $\boldsymbol{Y}$ 对应的卷积核，$\oplus$ 表示特征串联操作。

　　总体来说，采用逐点相加的方法不会改变特征的维度，因此在后续处理时不会增加计算复杂度。但由于这种方法将每个元素的值直接相加，本质上是一种折中的策略，有可能损失与最终结果关联较大的信息；而采取特征串联方法则可以将不同模态数据特征的全部信息加以保留，为最终的分类提供了更为充分的信息，但这种方法增加了特征的长度，不利于算法的高效运行。

　　2）基于统计分析特征的融合方法

　　以上两种融合方法虽然易于实现，但由于两者只是简单地将特征进行叠加，并未考虑特征在相同位置的关联性，不能充分利用不同模态数据的互补性，因此并不一定能取得很好的效果。一种可行的策略是利用统计分析方法首先研究不同模态特征之间的关联，然后利用这种关联进行融合。

　　典型相关性分析(Canonical Correlation Analysis，CCA)是多元统计分析中研究两组随机变量之间相关关系的统计方法[34]。典型相关性分析的思想是首先将两组特征向量进行投影，获取使两者关联最大的投影方向。之后在对应的投影方向上得到特征的权重，以此对特征向量进行加权融合。这种方法在融合前找到了使两组特征向量关联最大的投影方向，因此有效地消除了冗余信息，进一步提升了融合特征的有效性和简洁性。

　　假设在手势识别问题中 $\boldsymbol{X}=[\ x_1,\ x_2,\ \cdots,\ x_m]\,(x_i \in \mathbf{R}^m)$ 和 $\boldsymbol{Y}=[\ y_1,\ y_2,\ \cdots,\ y_n]\,(y_j \in \mathbf{R}^n)$ 分别表示不同模态下的两种特征。则它们的协方差矩阵 $\boldsymbol{C}$ 表示为

$$C = \begin{bmatrix} \mathrm{Var}(\boldsymbol{X}) & \mathrm{Cov}(\boldsymbol{X}, \boldsymbol{Y}) \\ \mathrm{Cov}(\boldsymbol{Y}, \boldsymbol{X}) & \mathrm{Var}(\boldsymbol{Y}) \end{bmatrix} = \begin{bmatrix} \boldsymbol{C}_{xx} & \boldsymbol{C}_{xy} \\ \boldsymbol{C}_{yx} & \boldsymbol{C}_{yy} \end{bmatrix} \tag{6.12}$$

其中，$\boldsymbol{C}_{xx} = \mathrm{Var}(\boldsymbol{X})$ 和 $\boldsymbol{C}_{yy} = \mathrm{Var}(\boldsymbol{Y})$ 分别表示 $\boldsymbol{X}$ 和 $\boldsymbol{Y}$ 的类内协方差矩阵，$\boldsymbol{C}_{xy} = \mathrm{Cov}(\boldsymbol{X}, \boldsymbol{Y})$ 表示 $\boldsymbol{X}$ 和 $\boldsymbol{Y}$ 的类间协方差矩阵，并且 $\boldsymbol{C}_{yx} = \boldsymbol{C}_{xy}^{\mathrm{T}}$。

CCA 算法首先要找到一对投影方向 $\boldsymbol{\alpha}_1$ 和 $\boldsymbol{\beta}_1$ 使得线性组合 $u_1 = \boldsymbol{\alpha}_1^{\mathrm{T}} \boldsymbol{X}$ 和 $v_1 = \boldsymbol{\beta}_1^{\mathrm{T}} \boldsymbol{Y}$ 之间具有最大相关性，u_1 和 v_1 为第一对典型变量；同理，寻找第二对投影方向 $\boldsymbol{\alpha}_2$ 和 $\boldsymbol{\beta}_2$，得到第二对典型变量 u_2 和 v_2，使其与第一对典型变量 u_1 和 v_1 不相关，且 u_2 和 v_2 之间又具有最大的相关性。这样下去，直至进行到 $\min(m, n)$ 步（即两组向量元素个数的最小值），即得出使得 $\boldsymbol{X}$ 和 $\boldsymbol{Y}$ 相关性最大的投影方向。

投影方向 $\boldsymbol{\alpha}$ 和 $\boldsymbol{\beta}$ 的关联系数通过最大化两者之间的简单相关系数得到，即 $\mathrm{Cov}(\boldsymbol{\alpha}, \boldsymbol{\beta})$。关联系数判别准则如公式(6.13)所示：

$$\mathrm{Cov}(\boldsymbol{\alpha}, \boldsymbol{\beta}) = \frac{\boldsymbol{\alpha}^{\mathrm{T}} \boldsymbol{C}_{xy} \boldsymbol{\beta}}{\sqrt{\boldsymbol{\alpha}^{\mathrm{T}} \boldsymbol{C}_{xx}^{\mathrm{T}} \boldsymbol{\alpha} \boldsymbol{\beta}^{\mathrm{T}} \boldsymbol{C}_{yy} \boldsymbol{\beta}}} \tag{6.13}$$

CCA 可表述为如下优化问题的解：

$$\mathrm{Cov}(\boldsymbol{\alpha}, \boldsymbol{\beta}) = \arg \max_{\boldsymbol{\alpha}, \boldsymbol{\beta}} (\boldsymbol{\alpha}^{\mathrm{T}} \boldsymbol{C}_{xy} \boldsymbol{\beta})$$
$$\text{s. t. } \boldsymbol{\alpha}^{\mathrm{T}} \boldsymbol{C}_{xx} \boldsymbol{\alpha} = \boldsymbol{\beta}^{\mathrm{T}} \boldsymbol{C}_{yy} \boldsymbol{\beta} = 1 \tag{6.14}$$

该问题可使用拉格朗日乘子法进行求解，令：

$$L(\boldsymbol{\alpha}, \boldsymbol{\beta}) = \boldsymbol{\alpha}^{\mathrm{T}} \boldsymbol{C}_{xy} \boldsymbol{\beta} - \frac{\lambda_1}{2} (\boldsymbol{\alpha}^{\mathrm{T}} \boldsymbol{C}_{xx} \boldsymbol{\alpha} - 1) - \frac{\lambda_2}{2} (\boldsymbol{\beta}^{\mathrm{T}} \boldsymbol{C}_{yy} \boldsymbol{\beta} - 1) \tag{6.15}$$

式中，λ_1 和 λ_2 为拉格朗日乘子。求 $\mathrm{Cov}(\boldsymbol{\alpha}, \boldsymbol{\beta})$ 即化为求解公式(6.16)的特征值问题：

$$\boldsymbol{C}_{xy} \boldsymbol{C}_{yy}^{-1} \boldsymbol{C}_{yx} \boldsymbol{\alpha} = \lambda^2 \boldsymbol{C}_{xx} \boldsymbol{\alpha}$$
$$\boldsymbol{C}_{yx} \boldsymbol{C}_{xx}^{-1} \boldsymbol{C}_{xy} \boldsymbol{\beta} = \lambda^2 \boldsymbol{C}_{yy} \boldsymbol{\beta} \tag{6.16}$$

设 n 为 $\boldsymbol{C}_{xy} \boldsymbol{C}_{yy}^{-1} \boldsymbol{C}_{xx}$ 非负特征值的个数，则最多可以求出 n 对解。设求得的特征值 λ 按非递增顺序排列为 $\lambda_1 \geqslant \lambda_2 \geqslant \cdots \geqslant \lambda_n \geqslant 0$，取 $d \leqslant \mathrm{rank}(\boldsymbol{S}_{xy})$ 对应非零特征值的特征向量作为典型投影方向。

典型相关分析算法的目标最终转化为一个凸优化过程，只要求出了这个优化目标的最大值，进而得出多维 $\boldsymbol{X}$ 和 $\boldsymbol{Y}$ 的典型相关判别特征 $\boldsymbol{Z}$，将不同模态的特征相融合，就可以尽可能多地保留两者之间的关联信息。

2. 特征级融合在手势识别当中的应用

特征级融合在手势识别算法中有着广泛的应用。Li 等人[35]为了实现视频中的手势识别，提出了一种基于 RGB-D 多模态数据的手势识别算法。对于如何高效利用多模态数据的问题，Li 等人首先尝试了数据级融合方法，但不同模态的视频数据未经配准，数据级融合的方法不能得到有效的融合数据。随后 Li 等人采用特征级融合的方法对 RGB 数据特征和深度数据特征进行了融合。如表 6.1 所示，Li 等人分别使用逐点相加和特征串联两种融合策略进行了多模态数据的融合。从测试结果可以看出，相比于采用任一单模态数据，融合多模态数据的方法可以明显提升识别的正确率。同时也可以看到，两种融合策略的结果基本相同，但特征串联策略略优于逐点相加策略。因为特征串联策略能够获取多种模态的所有特征信息，而逐点相加策略更倾向于模态信息之间的平衡，有可能损失与最终结果关联较大的信息。

表 6.1　Li 等人的算法中的融合策略对比[34]

数据类型	RGB 数据	深度数据	逐点相加	特征串联
准确率	37.3%	40.5%	49.0%	49.2%

Liu 等人[36]在处理连续手势识别问题[37]中，同样采取了特征级融合的方法将 RGB 数据与深度模态数据进行融合。

如图 6.15 所示，在进行手势识别时，Liu 等人首先对连续的手势进行分割，获得独立的手势视频片段，将任务转化为与 Li 等人相同的独立手势识别问题。对于每个视频片段，都通过人脸检测和手部检测只保留手部区域和脸部区域。随后，为了深入挖掘互补的多模态数据信息，Liu 等人对两种模态数据进行了特征串联融合以提高最终的识别性能。

Liu 等人采用特征串联策略将 RGB 数据和深度数据的特征向量进行串联融合，过程可表示为

$$F = fc_{rgb} \oplus fc_{depth} \tag{6.17}$$

其中，fc_{rgb} 和 fc_{depth} 表示模型根据对应的 RGB 数据和深度数据得到的特征，$\oplus$ 称为串联算子，F 为最终融合的特征。

如表 6.2 所示，Liu 等人分别测试了不同特征通过特征串联方法进行融合的

性能。表中结果可以明显地看到，无论是只考虑手部特征或同时考虑手部和脸部特征，还是只通过原始视频提取全局特征，相比任一单模态（RGB 数据或者深度数据）的结果，采用特征串联融合策略均可提升 5%以上的正确率。

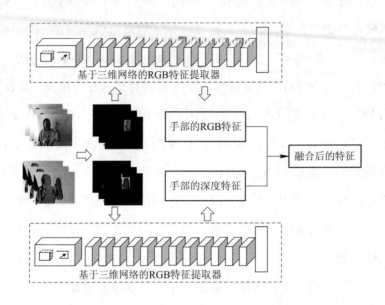

图 6.15　Liu 等人的多模态手势识别网络[35]

表 6.2　Liu 算法中的融合策略对比[35]

数据类型 特征	RGB	深度数据	特征串联
全局特征	36.94%	35.34%	44.22%
手部特征	43.8%	44.73%	50.11%
手部特征＋脸部特征	45.94%	46.6%	51.53%

此外，Miao 等人[31]提出了一种基于 ResC3D 网络的多模态手势识别方法。在该方法中，Miao 等人引入 CCA 策略获取不同模态特征的融合参数，不同融合方法效果的对比如表 6.3 所示。

表 6.3　Miao 等人算法中的融合策略对比[30]

模态/融合方法	RGB 数据	深度数据	光流数据	逐点相加	特征串联	CCA 融合
准确率	45.07%	48.44%	44.45%	57.88%	58.35%	64.11%

如表 6.3 所示，Miao 等人分别测试了均值特征、特征串联和 CCA 等融合策略。实验结果表明，相比任一单模态，多模态的融合对于正确率有着显著提升。

同时也可以看到基于 CCA 的融合策略明显优于其他两种融合策略，这是由于基于 CCA 的融合策略将不同模态特征之间的关联最大化，从而在最大程度上消除冗余信息，得到了最好的融合效果。

6.2.3　决策级融合

决策级融合是对多个数据信息进行逻辑推理或者统计推理的过程。决策级融合算法本质上是分类器层面的融合，其结果为控制决策提供依据。如图 6.16 所示，这类算法首先将样本数据输入到不同的分类器完成对数据的初步判决，然后将各分类器的决策结果进行决策级的融合处理，从而获得最终的联合判决结果。

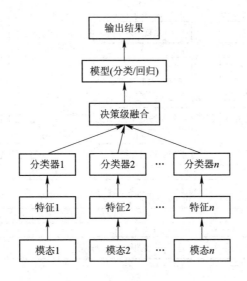

图 6.16　决策级融合方法

1.决策级融合的各种策略

决策级融合算法中最经典的是分数融合策略。分数融合策略包含平均分数融合策略（Average Score-Fusion）、加权分数融合策略（Weight Score-Fusion）、最大分数融合策略（Max Score-Fusion）等。平均分数融合策略是将多个分类器的结果进行平均，从而获得一个平滑的结果。加权分数融合策略是平均分数融合策略的进一步扩展。由于不同分类器特征学习的能力不同，对应的最终分类结果也有差异，因此采用不同的权重表示各分类器的重要性，获得更加合理的结果。最大分数融合策略是选择多个分类器中概率最大的分类结果。以上几种融合策略具有简单易实现、运算速度快等优点。

2. 决策级融合方法在手势识别当中的应用

Zhang 等人[38]在处理手势识别问题时，采用了决策级融合算法中的分数融合策略，将视频中帧间的时空信息进行融合，有效地提高了手势识别的效果。如图6.17 所示，Zhang 等人首先将连续手势视频分成若干独立手势片段，采用三维卷积神经网络提取时空特征，然后采用 ConvLSTM 对这些片段的时空特征进行学习，再采用 2D CNN 进一步进行特征提取，接下来通过全连接层得到每个视频片段的分类结果，最后采用分数融合策略将每个视频片段的分类结果进行融合，从而得到手势分类的结果。

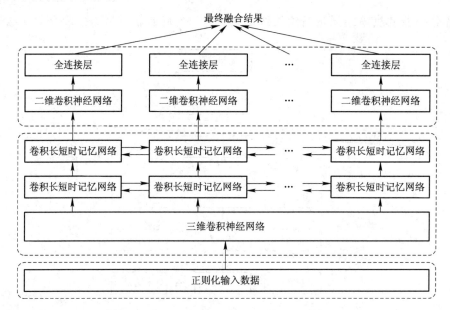

图 6.17　Zhang 等人手势识别算法框架[37]

如表 6.4 所示，Zhang 等人在单一模态和多模态间分别采用了平均分数融合策略、最大分数融合策略。从实验结果可以观察到，在任何一种模态上，平均分数融合都表现出了更好的效果；而相比任一单模态的结果，多模态数据的融合又进一步提升了识别的正确率。

表 6.4　**Zhang 等人算法中的融合策略对比**[37]

数据类型 融合策略	RGB	深度数据	融合结果
最大分数融合策略	50.48%	47.93%	54.55%
平均分数融合策略	50.97%	48.89%	55.29%

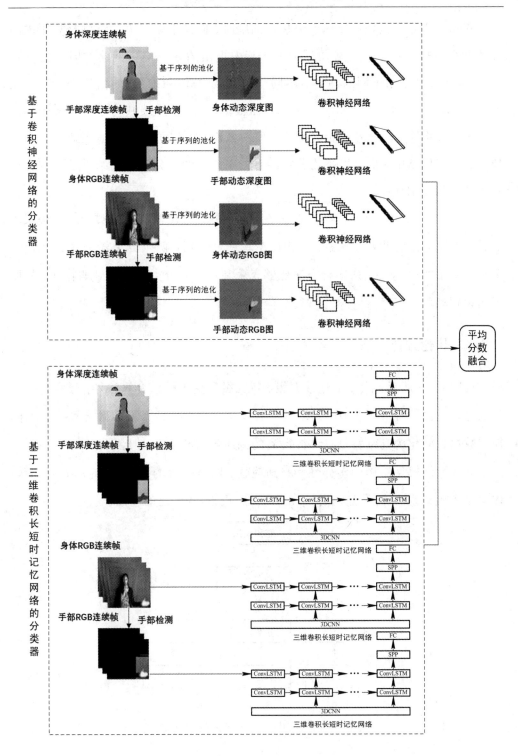

图 6.18　Wang 等人手势识别算法的部分框架[38]

Wang 等人[39]在处理连续手势识别问题时，同样采取了决策级融合算法中的分数融合策略。不同于文献[36]中 Liu 等人提出的基于同一网络的时空信息融合，Wang 等人采用不同的网络对不同空间层次（身体和手部）的信息进行决策级融合。如图 6.18 所示，Wang 等人一方面根据 RGB-D 连续帧构建身体和手部的动态图像，并将其输入卷积神经网络。另一方面，将相同的数据输入到三维卷积长短时记忆网络中，最后以平均分数融合的策略将两个分类器的结果进行融合以提高最终的识别性能。

如图 6.18 所示，Wang 等人通过平均分数融合策略对两个分类器进行决策级的融合。从实验结果可以观察到，相比于单一分类器，两个分类器的融合使得正确率提升了 4%～7%。该融合方法能够充分利用不同分类器学习到的特征，从而提高识别精度。

6.2.4　其他融合方法

如图 6.19 所示，除了上述数据级、特征级和决策级融合算法外，还有一些特殊的融合算法，例如基于神经网络的融合算法。基于神经网络的融合算法将不同模态数据先转化为高维特征，再将得到的高维特征传送到神经网络中进行融合。由于神经网络模型结构的多样性和自适应性，网络融合的方法更加灵活，在多媒体[40]、人脸识别[41]及手势识别[21]等领域得到了非常广泛的应用。

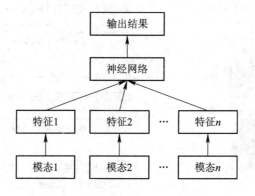

图 6.19　基于神经网络的融合方法

1. 方法应用

Narayana 等人[21]设计了针对手势识别问题的 FOA 网络框架，提出了新的融合方法，称为稀疏网络融合（Sparse Network Fusion）。在该网络框架中，将深度、深度数据流、可见光数据、可见光数据流分别进行特征提取,将提取后的特征进行稀疏网络融合。其网络框架如图 6.20 所示。

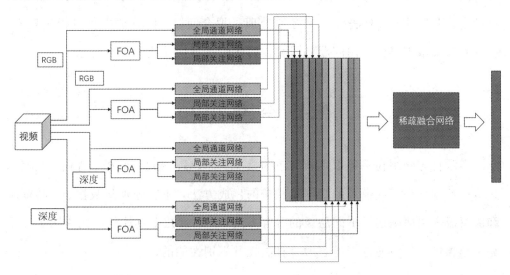

图 6.20　FOANet 网络架构[20]

在图 6.20 中,首先将 12 个网络通道产生的 12 个特征向量进行特征串联形成初步特征。Narayana 等人进一步分析手势的运动特点。例如,跳水动作是为了在远处也能看到水中动作而设计的,所以需要大幅度的手臂动作,而敬礼是单手小幅度的动作。因此跳水手势需要强调全局特征,敬礼手势中右手特征占主导地位,强调局部特征。FOANet 网络使用稀疏连接的神经层,稀疏网络层根据空间区域和数据模态的相对重要性进行权值学习,进而挑选出最佳的手势类别。

为了评估稀疏网络融合策略,如表 6.5 所示,Narayana 等人在 CGD IsoGD数据集上进行了对比实验,并将稀疏网络融合策略与平均融合策略进行比较。从实验结果可以看出,稀疏网络融合策略使得手势识别在测试集上的准确率提高了11.7%,证明了稀疏网络融合策略的有效性。

表 6.5　融合策略的比较

融合方法	验证集上的结果		测试集上的结果	
	12 通道	7 通道	12 通道	7 通道
稀疏融合	80.96%	77.31%	82.07%	78.90%
平均(逐点相加)	67.38%	69.06%	70.37%	71.93%
特征串联	56.03%	55.29%	59.44%	58.84%

以上提到的融合方法各有优缺点。数据级融合需要提前处理大量的数据，处理时间长、代价大且实时性差。特征级融合侧重于捕捉特征之间的关系，但容易过拟合。决策级融合算法可以更好地处理过拟合问题，但算法中信息损失较多。研究者需要根据具体应用问题和研究内容酌情选择所使用的融合方法。

6.3　本章小结

本章首先介绍在手势识别领域较为常见的 RBG、深度、红外、骨骼、光流和显著性数据六种不同模态的数据及相应的生成方法，随后分别从数据级、特征级和决策级等层面阐述了不同层级的融合方法，并通过几个具体的实例说明了在手势识别领域是如何通过多模态融合算法提升识别性能的。

参 考 文 献

[1]　三名狂客. 深度图像的获取原理［EB/OL］.（2017-04--09）. https：//blog. csdn. net/zuochao_2013/article/details/69904758.

[2]　RICCI E，OUYANG W，WANG X，et al. Monocular depth estimation using multi-scale continuous crfs as sequential deep networks［J］. IEEE Transactions on Pattern Analysis and Machine Intelligence，2018，41（6）：1426-1440.

[3]　DOMINIO F，DONADEO M，MARIN G，et al. Hand gesture recognition with depth data［C］//Proceedings of ACM/IEEE International Workshop on Analysis and Retrieval of Tracked Events and Motion in Imagery Stream. 2013：9-16.

[4]　LEITE D Q，DUARTE J C，NEVES L P，et al. Hand gesture recognition from depth and infrared Kinect data for CAVE applications interaction［J］. Multimedia Tools and Applications，2017，76（20）：20423-20455.

[5]　LOWED G. Distinctive image features from scale-invariant keypoints［J］. International Journal of Computer Vision，2004，60（2）：91-110.

［6］　MANTECÓN T，DEL-BLANCO C R，JAUREGUIZAR F，et al. A real-time gesture recognition system using near-infrared imagery［J］. PloS one，2019，14(10)：e0223320.

［7］　ROGEZ G，SCHMID C. Mocap-guided data augmentation for 3D pose estimation in the wild［C］// Proceedings on Advances in Neural Information Processing Systems. 2016：3108-3116.

［8］　SHOTTONJ，FITZGIBBON A，COOK M，et al. Real-time human pose recognition in parts from single depth images［C］// Proceedings of IEEE Conference on Computer Vision and Pattern Recognition. IEEE，2011：1297-1304.

［9］　CAO Zhe，SIMON T，WEI S E，et al. Realtime multi-person 2D pose estimation using part affinity fields［J］. arXiv preprint arXiv：1611. 08050，2016.

［10］　PAVLLO D，FEICHTENHOFER C，GRANGIER D，et al. 3D human pose estimation in video with temporal convolutions and semi-supervised training［J］. arXiv preprint arXiv：1811. 11742，2018.

［11］　SIGAI_csdn. 人体骨骼关键点检测综述［EB/OL］. (2018-06-11). https：// blog. csdn. net/sigai_csdn/article/details/80650411.

［12］　李文杰. 基于骨架化和模板匹配的交通指挥手势识别［D］. 杭州：浙江工业大学，2011.

［13］　CAO Zhe，HIDALGO G，SIMON T，et al. Open pose：realtime multi-person 2D pose estimation using part affinity fields［J］. IEEE Transactions on Pattern Analysis and Machine Intelligence，2019，43(1)：172-186.

［14］　DE SMEDT Q，WANNOUS H，VANDEBORRE J P. Skeleton-based dynamic hand gesture recognition［C］//Proceedings of IEEE Conference on Computer Vision and Pattern Recognition Workshops. 2016：1-9.

［15］　HOU Jingxuan，WANG Guijin，CHEN Xinghao，et al. Spatial-temporal attention res-TCN for skeleton-based dynamic hand gesture recognition ［C］//Proceedings of European Conference on Computer Vision

Workshops. 2018:1-15.

[16] IONESCU B, COQUIN D, LAMBERT P, et al. Dynamic hand gesture recognition using the skeleton of the hand[J]. EURASIP Journal on Advances in Signal Processing, 2005, 2005(13): 1-9.

[17] WANG Chong, CHAN Shing Chow. A new hand gesture recognition algorithm based on joint color-depth superpixel earth mover's distance [C]// Proceedings of International Workshop on Cognitive Information Processing. IEEE, 2014: 1-6.

[18] HORN B K P, SCHUNCK B G. Determining optical flow[J]. Artificial intelligence, 1981, 17(1-3): 185-203.

[19] BROX T, BRUHN A, PAPENBERG N, et al. High accuracy optical flow estimation based on a theory for warping[C]// Proceedings of European Conference on Computer Vision. Springer, 2004: 25-36.

[20] WANG Limin, XIONG Yuanjun, WANG Zhe, et al. Temporal segment networks: Towards good practices for deep action recognition [C]// Proceedings of European Conference on Computer Vision. Springer, 2016: 20-36.

[21] NARAYANA P, BEVERIDGE R, DRAPER B A. Gesture recognition: focus on the hands[C]//Proceedings of IEEE Conference on Computer Vision and Pattern Recognition. 2018: 5235-5244.

[22] KOCH C, ULLMAN S. Shifts in selective visual attention: towards the underlying neural circuitry [C]//Matters of intelligence. Springer, Dordrecht, 1987: 115-141.

[23] ITTI L, KOCH C, NIEBUR E. A model of saliency-based visual attention for rapid scene analysis[J]. IEEE Transactions on Pattern Analysis and Machine Intelligence, 1998, 20(11): 1254-1259.

[24] FRINTROP S, KLODT M, ROME E. A real-time visual attention system using integral images[C]// Proceedings of International Conference on Computer Vision Systems. 2007: 1-10.

［25］　MA Yu-Fei，ZHANG Hong-Jiang. Contrast-based image attention analysis by using fuzzy growing［C］//Proceedings of ACM International Conference on Multimedia. 2003：374-381.

［26］　ACHANTA R，ESTRADA F，WILS P，et al. Salient region detection and segmentation［C］//Proceedings of International Conference on Computer Vision Systems. Springer，2008：66-75.

［27］　HU Yiqun，XIE Xing，MA Wei-Ying，et al. Salient region detection using weighted feature maps based on the human visual attention model［C］// Proceedings of Pacific-Rim Conference on Multimedia. Springer，Berlin，Heidelberg，2004：993-1000.

［28］　HAREL J，KOCH C，PERONA P. Graph-based visual saliency［C］// Proceedings of Advance in Neural Information Processing Systems. 2007：1-8.

［29］　ACHANTA R，HEMAMI S，ESTRADA F，et al. Frequency-tuned salient region detection［C］// Proceedings of IEEE Conference on Computer Vision and Pattern Recognition. IEEE，2009：1597-1604.

［30］　DUAN Jiali，WAN Jun，ZHOU Shuai，et al. A unified framework for multi-modal isolated gesture recognition［J］. ACM Transactions on Multimedia Computing，Communications，and Applications，2018，14(1)：1-16.

［31］　MIAO Qiguang，LI Yunan，OUYANG Wanli，et al. Multimodal gesture recognition based on the Resc3D network［C］//Proceedings of IEEE International Conference on Computer Vision Workshops. 2017：3047-3055.

［32］　TRAN D，RAY J，SHOU Z，et al. Convnet architecture search for spatiotemporal feature learning［J］. arXiv preprint arXiv：1708. 05038，2017.

［33］　何俊，张彩庆，李小珍，等. 面向深度学习的多模态融合技术研究综述［J］. 计算机工程，2020，46(5)：1-11.

［34］ 李洪亮,马启明,杜栓平. 一种基于典型相关分析的特征融合算法［J］. 声学与电子工程,2015(1):20-23.

［35］ LI Yunan, MIAO Qiguang, TIAN Kuan, et al. Large-scale gesture recognition with a fusion of RGB-D data based on the C3D model［C］// Proceedings of International Conference on Pattern Recognition. IEEE, 2016:25-30.

［36］ LIU Zhipeng, CHAI Xiujuan, LIU Zhuang, et al. Continuous gesture recognition with hand-oriented spatiotemporal feature［C］//Proceedings of IEEE International Conference on Computer Vision Workshops. 2017: 3056-3064.

［37］ WAN Jun, ZHAO Yibing, ZHOU Shuai, et al. Chalearn looking at people RGB－D isolated and continuous datasets for gesture recognition［C］// Proceedings of IEEE Conference on Computer Vision and Pattern Recognition Workshops. 2016:56-64.

［38］ ZHANG Liang, ZHU Guangming, SHEN Peiyi, et al. Learning spatiotemporal features using 3D CNN and convolutional LSTM for gesture recognition［C］//Proceedings of IEEE International Conference on Computer Vision Workshops. 2017:3120-3128.

［39］ WANG Huogen, WANG Pichao, SONG Zhanjie, et al. Large－scale multimodal gesture recognition using heterogeneous networks ［C］// Proceedings of IEEE International Conference on Computer Vision Workshops. 2017:3129-3137.

［40］ LAN Zhen-zhong, BAO Lei, YU S I, et al. Multimedia classification and event detection using double fusion［J］. Multimedia tools and applications, 2014, 71(1):333-347.

［41］ LIU Jianzheng, FANG Chunlin, WU Chao. A fusion face recognition approach based on 7-layer deep learning neural network［J］. Journal of Electrical and Computer Engineering, 2016.

第 7 章　手势识别与注意力机制

人的注意力机制源自人类的直觉，人们通常会将有限的注意力投入到更重要的地方，从而从海量资讯中快速选择有价值的信息。受人类注意力机制的启发，研究者在深度学习中设计了各类注意力算法，使网络对与任务目标密切相关的区域赋予更多的权重。当前，注意力机制已经广泛应用于各类深度学习任务，如自然语言处理、图像分类和语音识别等，并在这些领域取得了惊人的成绩。本章将着重探讨注意力机制在手势识别任务当中的应用。

7.1　注意力机制的概念

7.1.1　注意力机制的研究进展

注意力机制的出现与人类视觉的研究密不可分，而在深度学习中的应用则始于 Google DeepMind 在 2014 年发表的 *Recurrent Models of Visual Attention*[1]。该文章在利用 RNN 模型进行图像分类的工作中使用了注意力机制，并取得了良好的结果。随后，在 2017 年 Google 发表了论文 *Attention is all you need*[2]，该文章在机器翻译问题上使用注意力机制来学习文本表示。在这之后，注意力机制在自然语言处理领域中得到了广泛的应用。受此影响，手势识别任务也开始借鉴自然语言处理当中的注意力机制，如李文杰[3]和 Wang 等人[4]将注意力机制用于突出图像或视频中与手势相关的如手部、肘部等区域，处理后的数据的识别结果有着显著提升。

7.1.2　人类的视觉注意力

人类的注意力机制源于两方面：首先，由于生理性的限制，人类的注意力是有限的，因此人不可能关注到一个场景中所有的细节内容；其次，由于在观察事物时，大量的信息与人所关心的内容是无关的，所以选择性地关注部分场景能够帮助人们更好地理解事物。例如，在交谈时，人们可能更关注交谈对象的表情与肢体语言，而忽略其他人和背景信息；在观赏风景时，人们则更关注于风景，而不是过往的游客。换句话说，人类会对与当前活动相关的区域进行重点关注，这就是所谓的注意力机制。这是一种长期的生存策略，是一种使用有限的访问资源从大量数据中快速选择高质量数据的方法。

图 7.1 表示了人类在观察图像时一种可能的注意力分配情况，亮度越高，说明人们观察图像时视觉停留在该位置的概率越大。显然，在观察图像时人们更加关注纹理较为清晰且能够找到较为明显目标的区域，如近景处的草地、树木及天鹅等，而不会关注不甚清晰且内容不明确的区域，如远景处被雾霾遮盖的房屋等。

图 7.1　人类观察图像时的注意力分配情况示意图

7.1.3　注意力机制在计算机视觉中的使用

在计算机视觉中，注意力机制通过模仿人类观察事物的过程来选择与任务最相关的信息。通常来说，当人类观察事物时，不仅会从整体获得全局信息，还会从与当前任务相关的局部获取细节信息。

以手势识别为例，我们需要更多地关注动作开始后的高潮部分以及整个画面中手、臂及身体上半部分的区域，而画面中的背景和面部表情对最终识别结果影响不大。最终决定手势分类的特征信息由单位时间内的有效信息以及上下文的时间信息组成，是一系列具有先后顺序的有效信息的组合。就像人关注一系列动作或听一段话的时候，通常我们不需要一直全神贯注，仅仅需要关注我们想提取的重点信息即可。

注意力机制可以通过卷积操作、图像增强等多种方式实现对信息中感兴趣部分的自动筛选。在深度神经网络中注意力机制一般则是通过提升感兴趣的区域的权重或信息较为丰富的特征通道的权重来实现的。图 7.2 展示了在表观性格分析（Apparent Personality Analysis，APA）任务[5]当中，神经网络对单帧视频提取的空间特征的特征图[6]。可以看出，与人们在对他人的性格进行评判时所关注的区域相似，神经网络对人的面部表情以及手部肢体动作也有较多的关注。

图 7.2　表观性格分析任务中神经网络对空间特征的提取情况[6]

注意力机制虽然有助于突出部分关键区域，但和人的注意力相似，对图像中的太多区域进行关注反而会降低注意力的作用，同时也会导致模型庞大、计算缓慢等问题。因此高效准确才是利用注意力机制关注图像关键区域的标准。下面将简单介绍几个在手势识别领域中使用注意力机制的方法。

7.2　作为手势识别前处理的注意力机制

在手势识别过程中，影响最终结果的因素有很多，如光照、背景、肤色、清晰度等。数据集采集过程在一定程度上模拟了现实场景中可能存在的这些因素。因此，减少这些变化因素对神经网络的影响，能够使网络将注意力集中在手势本身。本节将介绍两种在手势识别之前对原始数据进行预先处理的方法，两者分别从平衡整个视频的光照和提取视频中手部区域两种角度，提升对手势相关部分的注意力。

7.2.1　光照平衡

在手势识别任务，尤其是动态手势识别任务中，有许多无关的因素会影响最终的识别结果。光照就是这些因素之一。一方面，光照的不稳定会导致手势图像噪声增大；另一方面，环境光有可能影响图像的质量，使得被观察的手势特征与需要被忽略的图像背景特征之间的对比度较小，手势特征难以突出于其他背景特征。因此注意力机制可以通过对输入数据的预处理，消除光照差异，避免网络将此作为一种变化特征进行学习。Miao 等人[7]利用 Retinex 图像增强理论来减少光照不均匀对手势识别的影响。Retinex 理论最初由 Land 和 McCann 提出[8]，并被广泛应用于各类图像增强任务当中。该理论假设物体的色彩本身具有一致性，不因光照的差异而改变，即色彩具有恒常性。如图 7.3 所示，根据 Retinex 理论，观测到的物体亮度由其表面的反射光和外界环境的入射光强度的共同作用来决定，即

$$I(x) = L(x) \times R(x) \tag{7.1}$$

其中，x 表示像素的位置；$I(x)$ 表示进入人眼或成像设备的物体亮度，即图像 x 点的亮度；$R(x)$ 是物体表面反射光的光照强度；$L(x)$ 则是外界环境的入射光的强度。Retinex 的核心思想就是通过一定的方法消除入射光的影响，从而保留反映物体本身特性的反射光的光照强度。因此物体的反射光照强度可通过下式恢复：

$$R(x) = e^{\log I(x) - \log L(x)} \tag{7.2}$$

由于环境光照强度 $L(x)$ 难以直接获得，因此一般通过低通滤波器对 $I(x)$ 进行滤波而间接求得。

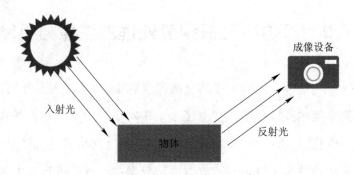

图 7.3　Retinex 理论示意图

从图 7.4(a)中可以看出，由于光照的差异，相同的手势有着不同的视觉效果。昏暗的环境会使得视频之中的一些细节特征难以辨认，而且光影的影响使得视频中人的动作难以与背景区分开，因此增加了手势识别的难度。经过 Retinex 处理得到的增强效果如图 7.4(b)所示。通过这种方法，可以明显消除不同环境光

对视频的影响，获得光照较为一致且较为清晰的视频数据，进而帮助后续的手势识别网络更好地关注手势本身，避免无关因素对手势识别的影响。

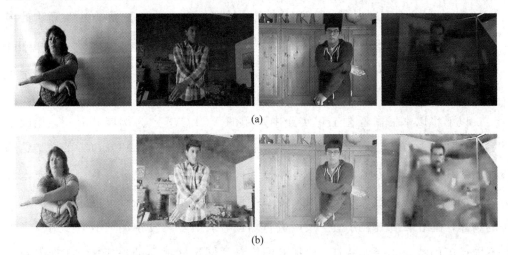

(a)

(b)

图 7.4　通过 Retinex 增强视频的效果[7]

7.2.2　预先手部检测

对于手势识别而言，不论是人眼还是计算机视觉算法，手部的位置、动作以及状态都是整个任务应该重点关注的部分。虽然前面章节中提到的传统方法中有许多利用手工特征进行手部信息提取的方法，但是传统方法多依赖于先验知识，而这些先验知识多基于某些特殊场景的特点，一旦场景更换，这些先验知识也随之失效。而寻找通用的先验知识是一个巨大难题。因此有研究者[4, 9-10]试图首先通过手部检测来实现对视频中的手部区域的提取，并将此作为一种输入，来辅助手势识别网络关注手势本身的特征。

在进行手部检测的过程中，常用的两种算法分别是单阶段（One-stage）算法代表作之一的 YOLO 算法[11-14]和两阶段（Two-stage）算法的代表作之一的 Faster R-CNN 算法[15]。单阶段算法是直接估计被检测物体类别和位置坐标的算法；而两阶段算法则是先生成一系列的候选框（Proposal），再通过卷积神经网络进行筛选，获得最终目标的位置。两种方法各有利弊，一般来讲，单阶段算法速度更快，两阶段算法精度更高。接下来主要介绍这两种算法，并通过手部检测辅助后续的检测网络关注手部区域。

如前所述，YOLO 算法属于单阶段算法的一种。最原始的 YOLO 算法[11]采用直接回归的方法获取当前需要检测的目标坐标和目标类别概率。在 2017 年，

Redmon 等人对其进行了改进，提出了新版本 YOLO9000[12]。YOLO9000 可以进行多达 9000 种物体的实时检测。随后，YOLO 算法不断发展壮大，又相继推出了 YOLOv3[13]、YOLOv4[14] 及 YOLOv5[15] 等版本，极大地丰富了 YOLO 算法的内容。YOLO 算法的核心点在于该算法对输入图像同时预测多个边界框（Bounding Box）的位置和类别，这是一种端到端的算法，不需要复杂的设计过程，利用整幅图像直接训练模型，即可更好地区分目标和背景区域。

以下将以本书作者在工程实践中采用的 YOLOv3[13] 为例展开介绍。相较于 YOLOv1 和 YOLOv2，YOLOv3 在主干网络上进行了优化。YOLOv3 的框架结构如图 7.5 所示，其结构类似于 ResNet[17]。在利用 YOLOv3 进行预测时，送入网络的视频帧首先经过尺度归一化，随后经过主干网络提取特征，再针对不同尺度的物体，在结果预测时分三个尺度进行输出，采用多尺度预测方法，分别对多个不同尺度的特征图提取特征，以提升网络对不同尺寸物体的适应性。在损失函数的选择上，YOLOv3 采用了二元交叉熵损失函数（Binary Cross-entropy Loss Function）来代替原先的 Softmax 损失函数。整体而言，YOLOv3 相比于 YOLOv1 和 YOLOv2，其算法速度更快、检测更准确。

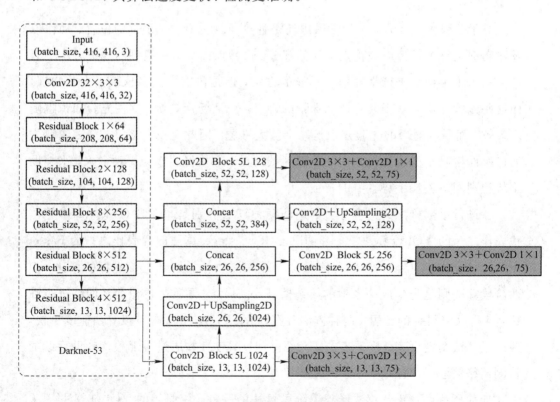

图 7.5　YOLOv3 框架图

　　在检测阶段，首先采用 Oxford Hand Dataset 手部数据集[18]训练 YOLOv3 手部检测器，训练后的检测器对动态视频中的每一帧进行手部检测，将得到的手部图像作为识别阶段的输入。在随后的识别阶段，使用二维卷积神经网络将检测器框选出来的手部图像进行空间特征的提取。提取的特征仅考虑手部区域空间特征，可以有效地减少手势无关因素（如背景、衣服和身体等）产生的负面影响。图7.6 展示了 YOLOv3 检测手部区域的效果。

图 7.6　YOLOv3 手部区域检测效果

　　Faster R-CNN[15]是另一种常用的检测器。该检测器在 R-CNN[19] 和 Fast R-CNN[20]的基础上进行了改进，进一步提升了速度。该检测器分为两部分，首先通过构建候选区域网络（Region Proposal Network，RPN）提取候选边界框，完成候选目标粗定位。然后在后续网络中再对 RPN 网络得到的粗定位区域继续细化，并通过进一步的学习筛选出最终的边界框，同时预测目标的位置和类别。

　　Liu 等人[10] 将 Faster R-CNN 应用在了动态连续手势识别任务中。Faster R-CNN在动态连续手势识别任务中的应用可分为两个部分。

　　第一部分如图 7.7 所示，同本书作者利用 YOLOv3 检测手部区域的思路类似，Liu 等人同样从每一帧中检测手部和面部区域（其中面部区域只保留定位点而非整个面部），然后去除其他区域来消除手势无关因素对结果的干扰。随后 Liu等人再采用 3D 卷积核提取特征，以关注手部的时域变化特征。

　　第二部分，针对连续的手势识别问题，Liu 等人将手部检测用于连续手势的分割。在常用的连续手势数据集——CGD 2016 的 ConGD 中，每一段视频中表演者做完一个手势都会将双手放下，回到原始状态，随后再开始下一个手势的表演。基于该现象，Liu 等人通过分析手部检测框的位置来判断该帧是处于两个手

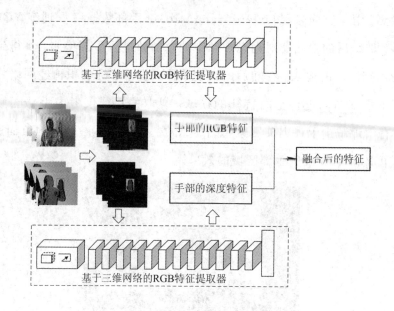

图 7.7　Liu 等人的手势识别模型框架[10]

势的间歇还是处于手势表演的过程中。具体而言，如图 7.8 所示，他们假设当出现任意一只手高于设定阈值时，就表明新手势的开始；如果两只手同时低于设定阈值，则表明手势结束。采用上述分割策略，他们将连续手势识别问题转换成相对简单的独立手势识别问题，再按照图 7.7 中的框架进行后续的识别。

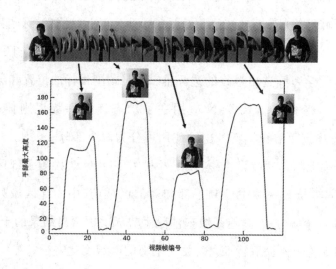

图 7.8　连续手势分割示意[10]

　　总结以上实例，在利用手部检测辅助实现手势识别时，根据静态手势识别和动态手势识别的差异可进行如下不同的处理：

在静态手势识别中，由于没有时间维度，识别过程通常仅关注手部的空间位置，训练模型时只需要训练关于手部的识别模型。在实际应用中，利用检测模型框选出手部图像，然后通过仅有的手部图像数据训练出分类模型以进行手势识别。

在动态手势识别中，手部信息不能完全代表一个手势，因为动态手势还与手臂的运动方向和运动过程等信息相关。在这种情况下，可以使用提取出的手部局部特征，作为全局视频特征的一种补充[21]，突出每一帧中手部区域在空间上的位置，从而在整体上提升网络对手部动作变化的关注程度。

7.3　基于不同模态数据互补性的注意力机制

在 7.2 节中提到的是对整体或者局部进行调整的注意力机制。如光照平衡是从整体图像中减少光照变化对手势识别的影响，而手部预先检测则是从局部提取更多的信息。事实上，由于不同模态的互补性，也可以用不同的模态数据作为一种辅助来帮助网络关注视频中和手势相关的区域，避免无关信息的干扰。本节将介绍利用骨骼数据、显著性数据和光流数据消除手势无关因素干扰的方法。

1. 基于骨骼数据的注意力机制

在手势识别中，骨骼数据的利用与手部检测器有异曲同工之妙，它们都可以用于消除背景、服饰等手势无关因素对识别精度的影响。在静态手势识别中，利用骨骼数据往往需要清晰的手部图像或准确的手部骨骼关键点，以便生成相应的关键点图；在动态手势识别中不仅仅关注手部的信息还关注躯干的信息，因此动态手势识别往往可以借鉴骨骼提取方法加强对躯干信息的关注。

在整体识别的基础上，动态手势识别利用骨骼数据作为其他模态数据的一种补充。因为骨骼不仅能提供有效的空间信息，骨骼的关节信息还可以辅助处理 RGB 数据输入，使得模型更关注手部的变化部分。

如图 7.9 所示，Baradel 等人[22]提出一种多模态双流融合模型，通过融合骨骼数据和原始 RGB 数据来进行手势识别。其中骨骼分支输入的并非单纯的关键点坐标，而是经过编码之后的一个三通道向量，第一个通道对应于各个原始关节点的坐标(x, y, z)，第二个通道对应于坐标的一阶导数（即速度），第三个通道对应于坐标的二阶导数（即加速度）。在 Baradel 等人的网络中，骨骼数据一方面作为一种单独的模态输入到网络中，另一方面则作为 RGB 数据的一种辅助以构建时空注意力模型。在空域上，他们通过骨骼数据中手腕部分的关节点信息辅助突出 RGB 数据中手部的动作及其关联的物品，从而构建空间注意力模型。这是由于如读书、写字、喝水等许多动作在手型上较为相似，需要根据所持物品的不同才能判断动作的类别。在时域上，他们将不同模态数据的结合输入 LSTM 网络以构建时间注意力模型，进而提取特征。这种设计可以使网络更关注动作的重点即手部细节的信息，从而提高识别的准确度。

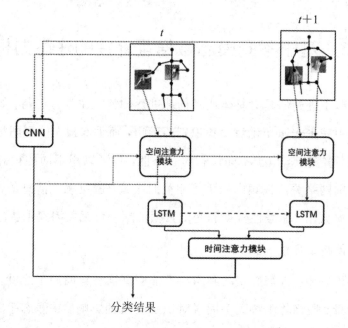

图 7.9　Baradel 等人提出的多模态双流融合模型[22]

另一种可行的方法是通过骨骼数据生成相应区域的热力图，从而引导识别网络关注手部的空间位置。Zhou 等人[23]通过对骨骼数据进行高斯卷积生成热力图（Heatmap），以突出手、臂等部位在图像中的位置，并通过构建 HeatmapNet 来学习这种区域化特征，并将其作为一种显著性特征辅助网络学习。如图 7.10 所示，Zhou 等人首先对每一帧 RGB 数据生成相应的骨骼数据，随后对骨骼关键点数据进行高斯卷积。由于手部区域关键点较多，通过这样的方法可以将手部关键点的高斯图进行叠加，从而突出显示手部区域。

在此基础上，Zhou 等人将生成的热力图作为监督图像，并通过如图 7.11 所

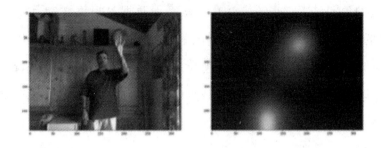

图 7.10　RGB 数据及其对应的高斯注意力图

示的 HeatmapNet 网络学习这种区域化特征，并根据主网络（即手势识别学习网络）中特征的尺度将学习的热力图特征进行多尺度划分，将其逐层送入主网络，为每一层特征的相应区域赋予一个较高的权重，以此提升网络对手部区域的关注程度。

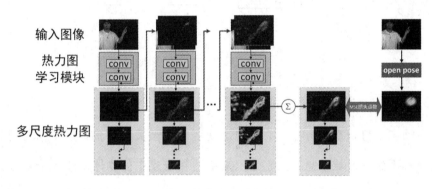

图 7.11　Zhou 等人方法中 HeatmapNet 的网络结构[23]

此外还有学者直接利用骨骼数据进行手势识别而非将其作为 RGB 数据的一种辅助[24-25]。这种方法一般与图神经网络（Graph Neural Network，GNN）相结合，利用骨骼数据的关节点之间的关联信息构建图模型，为手势及动作识别提供了一种新思路。

2. 基于显著性特征的注意力机制

在第 6 章中我们提到，人类视觉显著性区域是根据人类视觉注意机制，在自然图像中选出最能吸引人类关注的突出区域，因此显著性本身就是注意力机制的一种体现。显著性的引入使得网络能够更好地关注与手势相关的区域，避免受到背景和其他与手势无关因素的干扰。

Li 等人[26]通过 C3D 模型分别提取 RGB 特征与显著性特征，并将二者融合来获得最终的预测结果。在该方法中,显著性数据是根据文献[27]的方法由RGB数据生成的,该数据专注于视频中的显著对象,即表演者的身体,有助于消除背景和衣服的影响,因此可以将其视为RGB数据的辅助;再加上深度数据,利用它们的互补性,将三者融合以提升最终的识别性能。图7.12展示的是Li等人设计的手势识别网络框架。

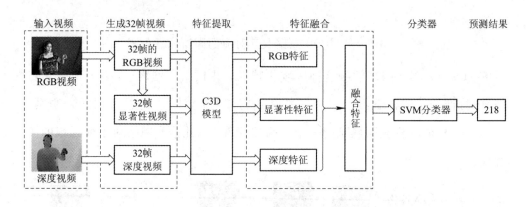

图 7.12 Li 等人设计的手势识别网络框架[26]

3.基于光流特征的注意力机制

在动态手势识别任务中,手部的运动变化是至关重要的,运动信息可以让计算机理解手势的时域信息。光流是用来描述在场景中的物体由于本身运动或者摄像机运动而在连续两帧间产生的运动变化的方法。因此,光流的引入对于手势识别有极大帮助。

文献[28]是较早从光流数据中获取动作变化信息的方法。如图7.13所示,Simonyan 和 Zisserman 利用二维卷积神经网络提取 RGB 数据中的空间信息,并通过二维卷积神经网络提取光流数据的特征,对运动信息进行关注,再将两种特征信息融合后构成时空信息用于动作分类。

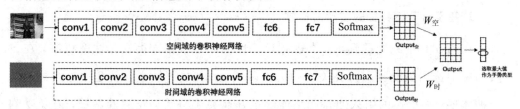

图 7.13 Simonyan 和 Zisserman 的方法的网络结构图

除此之外，Li 等人[29]为了避免与手势无关的因素影响识别结果，采用了光流技术以消除 RGB 数据中视频背景等因素的影响。如图 7.14 所示，和文献[26]使用显著性模态时的思路类似，该方法将光流数据和 RGB 数据作为 C3D 模型的两个输入流，在提取特征之后，通过将其融合来获取最终的分类结果。

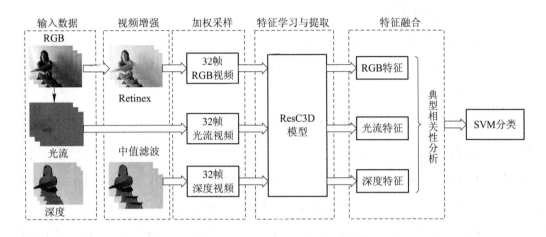

图 7.14　Li 等人的网络结构图[29]

在手势识别当中，RGB 数据关注整体空间信息；骨骼数据关注最本质的动作变化信息；显著性数据关注视频中的显著区域，一般为动作表演者的身体部分；光流数据则关注两帧之间的运动信息，每一种模态数据各有侧重。通过利用多模态之间的互补性，可以进一步补充单个模态数据无法关注到的信息，从而帮助网络将注意力集中在手势动作本身，进而学习到更好的特征表示。但是注意力机制会耗费大量的计算资源，在使用时应该通过合理的设计，在计算效率和复杂度之间达到平衡。

7.4　本章小结

注意力机制源于对人类观察事物过程的研究。在认知科学中，由于大量信息不可能被实时、等权重地处理，人类会选择性地关注部分信息，而忽略其他价值不大的信息。在计算机视觉领域，通常通过引入注意力机制来突出图像或视频中和任务更为相关的区域。该机制能够对任务相关信息进行自动筛选。本章介绍了几种手势识别的注意力机制实现方法，包括基于预处理的方法和利用不同模态数据互补性实现注意力机制的方法等。

参 考 文 献

[1] MNIH V，HEESS N，GRAVES A. Recurrent models of visual attention [C]// Proceedings on Advances in Neural Information Processing Systems. 2014：2204-2212.

[2] VASWANI A，SHAZEER N，PARMAR N，et al. Attention is all you need [C]// Proceedings on Advances in Neural Information Processing Systems. 2017：1-11.

[3] 李文杰. 基于骨架化和模板匹配的交通指挥手势识别[D].杭州：浙江工业大学，2011.

[4] WANG Huogen，WANG Pichao，SONG Zhanjie，et al. Large-scale multimodal gesture recognition using heterogeneous networks [C]// Proceedings of IEEE International Conference on Computer Vision Workshops. 2017：3129-3137.

[5] ESCALANTE H J，KAYA H，SALAH A A，et al. Explaining first impressions：modeling, recognizing, and explaining apparent personality from videos[J]. arXiv preprint arXiv：1802.00745，2018.

[6] LI Yunan，WAN Jun，MIAO Qiguang，et al. CR-Net：a Deep classification-regression network for multimodal apparent personality analysis[J]. International Journal of Computer Vision，2020：1-18.

[7] MIAO Qiguang，LI Yunan，OUYANG Wanli，et al. Multimodal gesture recognition based on the RESC3D network [C]//Proceedings of IEEE International Conference on Computer Vision Workshops. 2017：3047-3055.

[8] LAND E H，MCCANN J J. Lightness and retinex theory[J]. JOSA，1971，61(1)：1-11.

[9] CHAI Xiujuan，LIU Zhipeng，YIN Fang，et al. Two streams recurrent neural networks for large-scale continuous gesture recognition [C]// Proceedings of International Conference on Pattern Recognition. IEEE，2016：31-36.

［10］　LIU Zhipeng，CHAI Xiujuan，LIU Zhuang，et al. Continuous gesture recognition with hand-oriented spatiotemporal feature［C］//Proceedings of IEEE International Conference on Computer Vision Workshops. 2017：3056-3064.

［11］　REDMON J，DIVVALA S，GIRSHICK R，et al. You only look once：unified，real-time object detection［C］//Proceedings of IEEE Conference on Computer Vision and Pattern Recognition. 2016：779-788.

［12］　REDMON J，FARHADI A. YOLO9000：better，faster，stronger［C］//Proceedings of IEEE Conference on Computer Vision and Pattern Recognition. 2017：7263-7271.

［13］　REDMON J，FARHADI A. YOLOv3：an incremental improvement［J］. arXiv preprint arXiv：1804. 02767，2018.

［14］　BOCHKOVSKIY A，Wang C Y，Liao H Y M. YOLOv4：optimal speed and accuracy of object detection［J］. arXiv preprint arXiv：2004. 10934，2020.

［15］　REN Shaoqing，HE Kaiming，GIRSHICK R，et al. Faster R-CNN：towards real-time object detection with region proposal networks［J］. arXiv preprint arXiv：1506. 01497，2015.

［16］　UITRALYTICS. YOLOv5 ［EB/OL］. 2021-01-31. https：//github. com/ ultralytics/yolov5.

［17］　HE Kaiming，ZHANG Xiangyu，REN Shaoqing，et al. Deep residual learning for image recognition［C］//Proceedings of IEEE Conference on Computer Vision and Pattern Recognition. 2016：770-778.

［18］　MITTAL A，ZISSERMAN A，TORR P H S. Hand detection using multiple proposals ［C］//Proceedings of British Machine Vision Conference. 2011：1-11.

［19］　GIRSHICK R，DONAHUE J，DARRELL T，et al. Rich feature hierarchies for accurate object detection and semantic segmentation［C］// Proceedings of IEEE Conference on Computer Vision and Pattern Recognition. 2014：580-587.

［20］　GIRSHICK R. Fast R-CNN［C］//Proceedings of IEEE International

Conference on Computer Vision. 2015：1440-1448.

[21] ZHANG Liang，ZHU Guangming，MEI Lin，et al. Attention in convolutional LSTM for gesture recognition［C］//Proceedings on Advances in Neural Information Processing Systems. 2018：1953-1962.

[22] BARADEL F，WOLF C，MILLE J. Pose conditioned spatio-temporal attention for human action recognition［J］. arXiv preprint arXiv：1703. 10106，2017.

[23] ZHOU Benjia，LI Yunan，WAN Jun. Regional attention with architecture-rebuilt 3D network for RGB-D gesture recognition［C］//Proceedings of annual AAAI Conference on Artificial Intelligence，2021.

[24] HOU Jingxuan，WANG Guijin，CHEN Xinghao，et al. Spatial-temporal attention res-TCN for skeleton-based dynamic hand gesture recognition ［C］//Proceedings of European Conference on Computer Vision Workshops. 2018.

[25] DE SMEDT Q，WANNOUS H，VANDEBORRE J P. Skeleton-based dynamic hand gesture recognition［C］//Proceedings of IEEE Conference on Computer Vision and Pattern Recognition Workshops. 2016：1-9.

[26] LI Yunan，MIAO Qiguang，TIAN Kuan，et al. Large-scale gesture recognition with a fusion of RGB-D data based on saliency theory and C3D model［J］. IEEE Transactions on Circuits and Systems for Video Technology，2018，28(10)：2956-2964.

[27] ACHANTA R，ESTRADA F，WILS P，et al. Salient region detection and segmentation［C］//Proceedings of International Conference on Computer Vision Systems. Springer，2008：66-75.

[28] SIMONYAN K，ZISSERMAN A. Two-stream convolutional networks for action recognition in videos［C］// Proceedings on Advances in Neural Information Processing Systems. 2014：1-9.

[29] LI Yunan，MIAO Qiguang，TIAN Kuan，et al. Large-scale gesture recognition with a fusion of RGB-D data based on optical flow and the C3D model［J］. Pattern Recognition Letters，2019，119：187-194.

第 8 章　基于手势识别的人机交互案例

手势识别作为人机交互的一种重要形式，为自然和灵活的交互提供着技术支撑。近些年来，在各类电子消费展、家电展甚至汽车展上，都可以看到将手势识别用于交互的产品。目前基于手势识别的人机交互应用大多利用可见光、红外摄像头等获得连续的序列数据，对手部的形态进行捕捉并进行建模和识别，并将识别结果转换为机器能够理解的对应指令，如打开、抓取、切换选单等。因此，手势识别的应用场景也主要围绕这些功能，在智能驾驶、家电控制及机器人控制等方面展开。本章主要结合笔者的实际开发经验，从无人机控制、智能家居控制及机器人控制三方面介绍手势识别的实现方法。

8.1　手势识别案例一：无人机控制

本案例通过无人机上搭载的可见光摄像机采集的静态手势动作对无人机进行飞行控制。如图 8.1 所示，根据不同手势的识别结果，可以对无人机进行诸如上升、下降、平移、悬停等飞行控制。另外，考虑到无人机除飞行外的其他可扩展功能，笔者对无人机的其他辅助功能如拍照、录像等也实现了手势控制。

图 8.1　无人机手势控制演示

该案例的流程如图 8.2 所示，主要可分为人脸检测、手部检测、手势识别三个阶段。

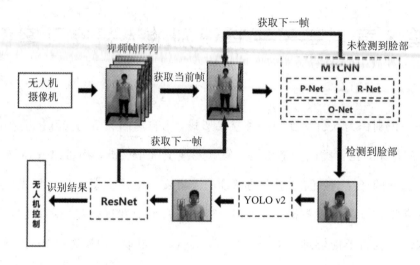

图 8.2　无人机手势控制流程图

1. 人脸检测

在无人机拍摄到的场景中，考虑到无人机飞行的高度、与操作者的距离以及与操作者的相对角度等因素，拍摄到的画面中可能没有出现操作者或者存在部分与手势动作无关的景物，如堆放的杂物、经过的车辆、较为复杂的远景等。在这种复杂的情况下直接进行手势动作的识别无疑是非常困难和成本高昂的。因此，为了确定图像中存在操作者，并更好地定位到操作者所在的位置，需要对拍摄得到的视频数据进行人脸检测。这一步骤为后续的手势识别工作提供了基础。

人脸检测作为计算机视觉领域中的重要研究课题，已经在众多研究人员的努力下取得了非常丰富的研究成果。其中多任务卷积神经网络（Multi-Task Convolutional Neural Network，MTCNN）是该领域中较为常用的目标检测网络[1]。MTCNN 由三个被称为 P-Net、R-Net 和 O-Net 的子卷积网络构成。MTCNN 通过构建图像金字塔模型将输入图片改变成不同尺度的图片。不同尺度的图片被分别送入 P-Net、R-Net 和 O-Net 这三个子网络中，通过非极大值抑制（Non-Maximum Suppression，NMS）算法和边框回归（Bounding Box Regression）算法分别生成检测到的人脸区域和人脸的关键点。生成的人脸关键点有五个，分别位于左眼、右眼、鼻子、左嘴角和右嘴角。MTCNN 算法相对于其他方法而言，在人脸检测的速度和精度方面均有良好的表现。笔者需要在实时条件下对视频中的人脸进行检测，所以检测过程需要较少的时间开销并达到较高的精度，而 MTCNN 的两个优势恰好能够满足需求。

由于 MTCNN 是基于静态图像的人脸检测方法，所以需要将无人机拍摄的视频处理为连续的图像序列，即用图像序列中的每一幅图像表示视频中的每一帧。对于每一帧图像，应用 MTCNN 检测人脸区域和脸部关键点。如果在当前帧检测到人脸的存在则进入下一阶段，如果在当前帧没有检测到人脸则输入下一帧。这一部分的流程如图 8.3 所示。

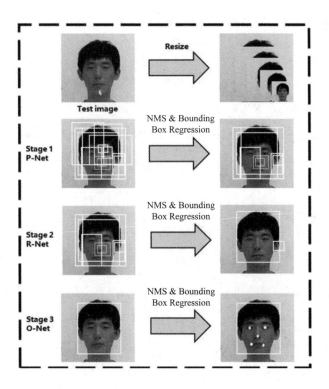

图 8.3　人脸检测部分流程图

2. 手部检测

经过人脸检测阶段，若当前图像中存在人脸，那么可以认为该图像中存在无人机操作者，并且通过人脸检测步骤输出的脸部区域可以确定操作者位于图像中的位置。那么在此基础上可以对图像进行进一步的处理。

在进行手势识别时，图像中手部所处区域是非常重要的。但是在摄像机拍摄的图像中，操作者的手部区域在整个场景中所占的比例是非常小的，这就意味着直接在整幅图像中进行手部位置的检测和手势动作的识别是较为困难的，因为图像中的其他无关因素非常容易影响到检测和识别的结果。考虑到这一点，需要对操作者手部的区域进行一个估算，在这个区域内进行识别可以有效提升识别结果的可靠性。

根据经验，无人机操作者在向飞行中的无人机表演手势动作时一般需要举起手臂进行动作的演示。那么，举起的手部和操作者的脸部之间会形成一定的几何关系。依赖于这一先验知识和人脸检测步骤输出的人脸区域，可以对操作者手部的大致区域进行估计。手部区域估计的部分代码如下所示：

```
1   double width_factor = 2.2；
2   int x = static_cast<int>(itr->x - itr->width * width_factor)；
3   x = x < 0 ? 0 : x；
4   double height_factor = 1.8
5   int y = static_cast<int>(itr->y - itr->height / height_factor)；
6   y = y < 0 ? 0 : y；
7
8   int width = static_cast<int>(width_factor * itr->width)；
9   width = (x + width) < img->cols ? width : img->cols - x；
10  int height = static_cast<int>(2.1 * itr->height)；
11  height = (y + height) < img->rows ? height : img->rows - y；
12
13  itr->x = x；
14  itr->width = width；
15  itr->y = y；
16  itr->height = height； // itr->x, itr->y, itr->width, itr->height 分别表示通过
```

人脸检测步骤输出的人脸区域（矩形区域）左上顶点的 x 坐标、y 坐标，以及人脸区域的宽度和高度。

代码第 2 行和第 5 行表示根据经验估计到的操作者的手势动作可能出现的区域，根据两个设置好的参数 width_factor 和 height_factor，将人脸的 x 坐标和 y 坐标向图像的左上方移动。在移动的同时检查坐标是否越过了图像的边界，如第 3 行和第 6 行所示。移动后的 x 坐标和 y 坐标代表估算出的手部区域左上顶点的位置。第 8 行和第 11 行的操作与上文类似，根据设定的参数和脸部区域的长度、宽度估算出手部区域的宽度和高度。同时需要检查估算出的宽度和高度是否超过了图像的最大尺寸。

与原始的整幅图像相比，手部区域估计将手部的范围限制在了一个较小的区域内。为了进一步约束这个区域的大小，需要在这个区域内进行更为精确的手部检测。考虑到整个系统对于实时性的要求和无人机本身对于运算性能的约束，YOLO 目标检测算法是一个非常合适的选择。YOLO 目标检测算法在目标检测领域中因其运算速度快、误检率低等特点被广泛运用。而笔者在此处选用的 YOLO v2[2] 在原始 YOLO 算法的基础上大幅提升了准确率并且减少了运算量。

通过 YOLO 算法对手部进行检测后，得到估算区域内手部的精确位置。然而，在实际操作过程中，操作者的左手和右手有可能同时出现在估算区域当中。在这种情况下，YOLO 算法会检测出多个手部位置。而实际演示动作的手部的位置会更加靠近估算区域的中心，所以对于每个检测到的手部位置都需要计算其中心与估算区域中心的欧式距离，选择其中距离最小的手部作为有效手。

3. 手势识别

对于确定的手部区域，手势识别阶段需要将其分类到正确的类别并输出。这一阶段对于整体来说是最为重要的，分类的正确与否直接影响整个系统的使用效果。

考虑到本案例只需对静态手势进行识别，同时对准确率要求较高，ResNet[3] 是一个很好的选择。ResNet 通过在卷积神经网络的基础上引入残差学习的概念，解决了卷积神经网络在网络层数加深时面临的梯度消失、模型难以收敛等问题，并且在图像分类领域取得了卓越的成果。

结合运算资源、硬件平台等实际条件，最终笔者在 ResNet 的众多变体中选用了 ResNet18 进行手势的识别。关于网络调用和结果输出的关键代码如下：

```
1    classify_desc_path = ". /models/resnet_desc. prototxt";

2    classify_bi_path = ". /models/resnet_iter_1000. caffemodel"

3    net = cv::dnn::readNetFromCaffe(classify_desc_path, classify_bi_path);

4

5    cv::Mat dec;

6    cv::cvtColor( * img, dec, cv::COLOR_RGB2BGR);

7    cv::Mat inputBlob = cv::dnn:blobFromImage(dec, 1. 0, cv::Size(cnn_crop_size, cnn_
crop_size),

8    cv::Scalar());

9    cv::Mat prob;

10   DetectorKit::get_instance()->net. setInput(inputBlob, "data");

11   prob = DetectorKit::get_instance()->net. forward("prob");

12   int classId;

13   double classProb;

14   getMaxClass(prob, &classId, &classProb);
```

上述算法基于 Caffe 平台[4]实现。首先需要加载 Caffe 深度学习平台训练过的网络模型(如第 1 行至第 3 行所示)。对于输入的手部图像也需要先进行一定的预处理,如第 5 行至第 6 行所示,对图像的颜色空间进行转换,将图像的颜色空间由 RGB 转换为 OpenCV 中默认使用的 BGR。另外,为了满足网络输入的要求,需要对图像进行归一化处理。图像预处理之后可以将其送入网络并通过前向传播获得网络模型对于分类结果的预测分布(如第 10 行至第 11 行所示)。结果的预测分布表示的是该手势属于每一个类别的可能性,所以最终输出的预测结果应该是其中可能性最大的那一类(如第 12 行至第 14 行所示)。

网络最终输出的识别结果将被用于无人机的控制。通过预先定义不同操作对应的手势,根据识别出的不同种类的手势动作,无人机就可以按照操作者的手势执行不同的飞行动作和其他辅助功能。

8.2　手势识别案例二：智能家居控制

智能家电是智能家居中的一个重要组成部分。用户与智能家电的交互在某种程度上就是与整个智能家居系统的交互。基于遥控器的交互模式对于用户而言无疑是较为繁琐的，因为用户需要使用不同的遥控器来控制不同的家电。随着人工智能技术和计算机视觉技术的发展，基于手势控制的非接触式交互模式可以较好地解决上述问题。用户只需要使用定义好的手势动作就可以控制所有家电设备。

本案例主要利用深度学习技术，研究基于动态手势的智能家电控制系统。在系统中，智能家电通过常见的可见光摄像头采集用户表演的手势动作，根据不同的动作含义实现对应的功能。本系统的流程如图 8.4 所示，可以概括为实时视频流的采集、视频分割和视频手势识别三个模块。首先通过作为输入设备的可见光摄像头采集实时视频流数据，然后基于滑动窗口的手势分割算法得到近似的独立手势片段，最后将独立手势片段用于动态手势识别。输出的识别结果将用于操控智能家电完成相应的功能。

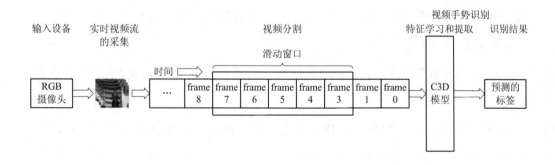

图 8.4　智能家居系统流程图

1. 硬件平台

本系统是基于深度学习技术实现的，因此对于硬件平台的运算能力有一定的要求，并且部分家电设备存在着小型化和灵活可移动的需求。所以系统所使用的硬件平台应该体积较小、灵活轻便并具备较好的运算性能。因此，笔者使用 NVIDIA Jetson Xavier(以下简称为 Xavier)作为整个系统的运行平台。Xavier 是由 NVIDIA 公司生产的用于人工智能和工业自动化领域的小型计算机系统。

Xavier 搭载了 NVIDIA 自研的 Carmel 架构 8 核 64 位 CPU 和 Volta 架构 512 核 GPU，具有强大的数据运算和处理能力。同时 Xavier 套件还提供了多种 I/O 端口，如 USB、Type-C 3.1、HDMI、千兆以太网端口等。而 Xavier 本身尺寸仅为手掌大小，恰恰符合设备轻便型和可移动性的需求。

2. 输入设备

基于手势控制的家电交互需要使用摄像头进行图像或者视频数据的采集。摄像头根据拍摄数据模态的不同可以分为可见光摄像头、红外摄像头、深度摄像头等。红外摄像头和深度摄像头在实际使用中存在成本较高和不易使用等缺点。而常见的可见光摄像头成本较低，便于携带，也容易被智能家电设备集成，因此将其作为输入设备进行视频数据的采集。

另外，为了能够更好地对可见光摄像头拍摄的数据进行处理，笔者使用 OpenCV 作为支持。OpenCV 是一个开源的跨平台计算机视觉库，它轻量且高效，面向多种编程语言提供了丰富的使用接口，在图像处理方面得到广泛的使用。

3. 数据集的构建

在基于深度学习的方法中，构建合适的数据集是十分重要的。一个合理的数据集能够使得所使用的网络模型更好地适应实际使用环境，面对各种复杂情况时都能高效稳定地工作。

在用户与智能电视机交互的案例中，笔者构建数据集时从以下几个角度考虑：

（1）光照环境。训练数据、测试数据均在室内正常光照条件下采集，以此场景模拟用户日常在家中所处的光照环境。

（2）表演距离。考虑到用户在观看电视时一般与电视距离 2 米至 4 米，笔者在拍摄数据集时也将表演者与摄像机的距离保持在这个范围内。

（3）表演姿态。在观看电视的过程中，用户可能采取坐姿或者站姿，所以我们要求表演者分别在站姿以及坐姿情况下完成指定动作。

（4）背景环境。在实际应用时用户周围景物的不同可能影响识别结果的稳定性，因此在数据集中加入背景的变化是十分必要的。所以拍摄数据集时笔者考虑两种背景环境：一种是简单背景，即干净且无杂物的背景，如白色墙面；另一种是复杂背景，即背景中存在较多的无关物体，如背景中存在杂乱摆放着书本的书架。

　　综合上述条件，笔者对用户与电视交互时可能需要的多种手势动作分别进行了采集。手势动作的含义包括电视机的开机、关机，电视机音量的增大、减小，电视节目的快进、后退等。在手势动作的表演过程中，要求动作从开始到结束持续时长约 4 秒，且整个流程均匀、稳定。如图 8.5 所示，以数据集中鼓掌、挥手和响指三个手势动作为例，笔者将这三个手势在实际交互中的含义分别定义为电视机的开机、当前节目的快进和电视机的关机三个常用操作。

图 8.5　鼓掌、挥手、响指动作示意图

　　鼓掌动作表示电视机的开机操作，要求两只手相互击打。表演者采用站姿时，起始时双手自然下垂，执行动作时双手置于胸前，用右手掌轻击左手掌，通常重复执行 2 至 4 次，完成后双手自然放于腿侧。表演者采用坐姿时，起始时双手自然置于腿上，拍手时双手置于胸前，同样使用右手掌轻击左手掌，重复执行 2 至 4 次，动作完成后双手恢复到起始状态。

　　挥手动作表示当前节目的快进操作，要求表演者按照一定的轨迹挥动手臂。表演者采用站姿时，起始时双手自然下垂，执行动作时右手从右到左匀速挥动，完成后右手自然放下。表演者采用坐姿时，起始时双手自然静置于腿上，挥手时右手从右到左匀速挥动，完成后双手恢复到起始时的状态。

　　响指动作表示电视机的关机操作，要求表演者使用右手中指击打大拇指部位，同时手臂从上至下挥动。在视频数据的采集中，本动作不要求表演者的响指动作一定发出声响。表演者站立时，起始位置双手自然下垂，打响指时右手置于胸前打一次响指，右臂轻微向下挥动，做完后双手放下。表演者采用坐姿时，起始时双手自然静置于腿上，打响指时的要求与站姿类似，完成后双手恢复到起始时的状态。

最终采集得到的数据集中，笔者将其中 70% 的样本用于训练模型，15% 的样本用于验证，其余 15% 的样本用于评估模型在输入为完整手势动作条件下的准确率。

4. 模块实现

1）视频流采集模块

根据智能家电实际使用时所处的实时环境，本项目使用普通可见光摄像头采集的视频流数据作为输入。可见光摄像头采集的是 RGB 视频，视频分辨率为 640×480，帧率为 30 帧/秒。该模块需要能够稳定、持续地采集视频流数据并能够存储标准格式的视频文件。

2）视频分割模块

如果需要在连续的视频流中对手势进行识别则需要确定相邻手势动作的边

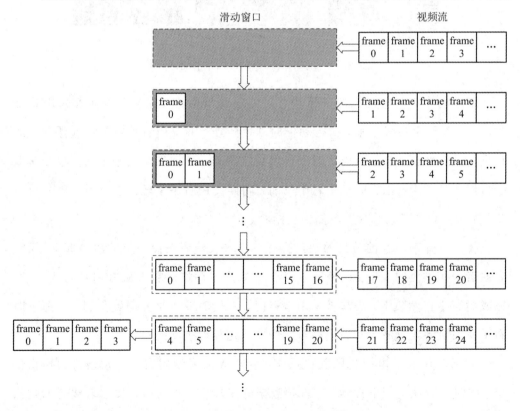

图 8.6　手势分割模块流程图

界位置来将连续的视频流分割为独立手势片段。为了将连续手势分割为独立手
势，笔者采用了一种手势分割方法。该方法通过创建一个定长视频序列的缓冲
区，即滑动窗口，以达到对连续手势进行分割的目的。滑动窗口沿着视频流按照
一定的步长滑动，每次滑动后窗口内的视频帧序列视为一个手势动作。通过多次
实验测试，笔者设定一个手势动作的持续时间为 4 秒。同时，由于本方案中采用
的深度神经网络模型要求输入的视频序列是 16 帧，因此，滑动窗口的长度设定
为 16。获取到的视频流数据每秒内等距采样 4 帧，采样得到的帧被加入到滑动窗
口的末端，同时将窗口前端的 4 帧丢弃，每完成一次上述操作就认为滑动窗口进
行了一次滑动。整个手势分割模块的流程如图 8.6 所示。

在基于滑动窗口的分割算法的基础上，笔者将连续的手势视频流进行近似分
割，得到完整的独立手势视频段。视频段内包含单个手势从开始到结束的完整过
程。该部分关键代码如下所示：

```
1   vector<cv::Mat> frameArray;

2   cv::VideoCapture capture(0);

3   if (! capture. isOpened()){

4   cout << "can not open capture" << endl;

5   return -1;

6   }

7   int frameRate = capture. get(CV_CAP_PROP_FPS);

8   while (capture. isOpened()){

9   for (int i = 0; i < framerate; ++i){

10  cv::Mat frame;

11  capture >> frame;

12  if (i % 8 == 0){

13  if (frame. empty()){

14  cout << "frame is empty" << endl;

15  return -1;

16  }

17  if (frameArray. size() < 16){

18  frameArray. push_back(frame);
```

```
19    }
20    else if (frameArray. size() >= 16){
21    frameArray. erase(frameArray. begin());
22    frameArray. push_back(frame);
23    }
24    }
25    }
```

3）视频手势识别

在系统流程中，手势分割模块中的滑动窗口每次滑动后都需要将滑动窗口中的 16 帧图像序列送入神经网络中进行分类。选用的网络会输出该序列在所有手势类别上的概率分布。所以我们需要选择其中概率最大的类别作为最终的识别结果来输出。

在特征提取方法和神经网络模型的选择方面，由深度神经网络提取的特征能够更好地反映手势本身的特征，且不像手工特征那样需要领域专家根据领域知识进行设计，因而往往在很多场景有着更多的应用。而本项目关注的主要是基于视频的手势提取。与静态手势不同，视频中的动态手势不光在空间维度上发生变化，在时间维度上也在不断改变。因此，仅仅按照处理静态手势的方法，对单独的某一帧图像进行建模是不够的。动态手势在时间维度上的上下文关系使得我们在处理动态手势识别任务时需要同时对时间和空间两方面的信息进行结合。

因此，我们考虑使用基于 3D 卷积操作的神经网络进行视频手势特征的自动提取。与传统的 2D 卷积相比，3D 卷积针对视频帧序列。它并不仅仅是把视频划分成帧的集合，再用多通道输出到多个图像，而是将卷积核同时应用到时域和空域，更好地融合时域和空域的信息，以利于视频的特征提取。

基于 3D 卷积操作的深度神经网络有很多种，其中 C3D[5] 和 ShuffleNet[6] 是非常具有代表性的两个网络。C3D 网络通过在时空维度上连续进行 3D 卷积来获得不同尺度的特征图，并且利用卷积层之间插入的池化层对特征进行下采样来获得更具有全局信息的特征。ShuffleNet 的思路则是通过引入分组卷积和深度可分离卷积结构大幅提升了网络的运算速度，并在速度和准确率之间取得了较好的平衡。为了满足嵌入式设备的性能需求，这里考虑使用性能更高的 ShuffleNet v2[7] 版本。并且考虑到对于时空信息建模的需求，我们需要将 ShuffleNet v2 中的 2D 卷积更换为 3D 卷积。

为了评估 C3D 和 ShuffleNet v2 两者的性能，我们选择在上文构筑的数据集上对两个模型的准确率进行评估。两者分别在 ISO 数据集和 Kinect 数据集上进行了预训练，输入视频的长度均为 16 帧。在准确率方面，C3D 的准确率为 95％，ShuffleNet v2 的准确率为 85％。在模型大小和运算速度方面，ShuffleNet v2 的模型大小只有 C3D 模型的 5％ 左右。并且 ShuffleNet v2 对一个样本进行测试的时间为 70 ms，C3D 则需要 120 ms。综合上述结果来看，ShuffleNet v2 更适合对于运算资源要求极为严苛的情况，而 C3D 适合对于准确率要求更高的情况。

8.3　手势识别案例三：机器人控制

本节主要介绍笔者研究将手势识别用于机器人控制的一些方法与经验。该研究主要从以下两方面展开：一是如何将应用于实验室环境下且针对固定独立手势进行识别的算法扩展到真实环境下基于视频流输入的连续手势识别任务当中；二是如何完成控制端与机器人的数据通信，即如何将手势指令顺利传达给机器人完成交互过程。

本案例中手势控制机器人的流程如图 8.7 所示，该流程可以概括为基于实时视频流的数据采集、手势分割、手势识别和网络通信四个模块。本案例通过 RGB 摄像头采集实时视频流数据，然后利用一个基于滑动窗口的手势分割算法得到近似的独立手势片段，最后将独立手势片段用于动态手势识别，并通过通信网络传递信息，以此达到远程控制机器人的目的。

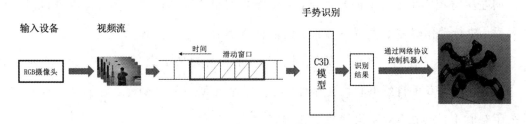

图 8.7　手势控制机器人流程图

1. 硬件平台

为了满足实时手势识别的需求，上位机使用一台配备有 NVIDIA 2080TI 显卡的服务器进行实时的手势识别。机器人端需要接收上位机输出的手势信号，执行指定的动作，因此采用树莓派（Raspberry Pi）作为机器人的控制板。控制板搭载了 802. 11b/g/n 无线网卡、64 位四核处理器，同时提供多种 I/O 端口，如 HDMI、RCA avd、USB、DSI 等。

2. 数据集的构建

数据集在深度学习的方法中至关重要，在构建用于手势控制机器人的数据集时，笔者首先确定了五种需要机器人执行的动作及相应的控制手势（前进，后退，向左，向右，停止），如图 8.8 所示。然后使用成像设备获取数据，可见光数据的获取通过一台普通的成像设备即可完成。

图 8.8　机器人控制数据集视频样例

前进手势控制机器人的前进动作，表演者采用坐姿演示手势，起始时双手自然下垂，执行动作时双手向前伸直到与肩齐平，完成后双手自然放于腿侧；后退手势控制机器人的后退动作，表演者采用坐姿演示手势，起始时双手自然下垂，执行动作时双手交叉放于胸前，完成后双手自然放于腿侧；向右手势控制机器人的向右动作，表演者采用坐姿演示手势，起始时双手自然下垂，执行动作时左手保持不动右手向前伸直然后手掌向右挥动一定幅度，完成后右手自然放于腿侧；向左手势控制机器人的向左动作，表演者采用坐姿演示手势，起始时双手自然下垂，执行动作时左手保持不动右手向前伸直然后手掌向左挥动一定幅度，完成后右手自然放于腿侧；停止手势控制机器人的停止动作，表演者采用坐姿演示手势，起始时双手自然下垂，执行动作时左手掌心朝下放于胸前，右手竖直放于左手掌心下，完成后双手自然放于腿侧。

最终，在固定背景下，对 32 位志愿者进行了三种光照条件下的五种手势数据的采集，构建了该数据集。笔者将数据集中 80％的样本用于训练模型，20％的样本用于评估模型在输入为完整手势动作条件下的准确率。

在识别时笔者使用了第 4.4 节提到的 C3D 模型，具体过程这里不再赘述。

3. 连续手势视频流的处理

在研究手势识别算法的过程中，一般面对的都是独立的手势视频，即每个视频中只有一个手势需要分析和识别。相比针对独立手势视频进行识别的情况，在真实人机交互场景下进行手势识别所面临的首要问题就是需要对连续获取的手势视频流进行手势的分离和提取。同时，考虑到实际应用场景往往对算法的实时性有着较高的需求，因此在实现连续手势分割的同时，还应兼顾算法的效率。

如图 8.9 所示，笔者设计了基于滑动窗口的多线程处理方法，以此来实现对摄像头获取的视频流的分割采样，并通过手势识别模型完成最后的手势识别。整个过程通过两个线程合作实现，通过这样的方法，可以避免手势识别过程造成的时延累积，进一步提升整体的处理效率，保证人机交互系统的实时性。

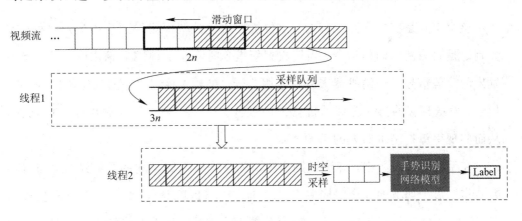

图 8.9　基于滑动窗口的多线程视频分割与识别流程

线程 1 主要负责视频的捕获。首先维持一个长度为 $2n$ 的滑动窗口，该窗口每隔 t 秒进行一次更新。同时，为了保证识别的鲁棒性，需要维持一个长度为 $3n$ 的采样队列，将滑动窗口中的视频帧序列纳入其中（首次会读入长度为 $3n$ 的帧序列）。线程 1 每完成一次读入，即会给线程 2 发送激活信号。

线程 2 主要负责数据处理以及手势的预测。在采样队列队满之后，就会对其中的视频帧序列进行采样，并将采样的序列送入手势识别模型进行预测，获得手势类别结果。

4.基于网络通信的控制信息传输

对机器人的控制本质上属于对嵌入式设备的控制，因此如果将手势识别算法直接部署于机器人的内部系统当中，算法的性能和效率势必受到设备本身硬件性能的限制。因此，本案例基于 C/S 架构，将所有算法的计算在具备充足计算资源的上位机上实现，并通过网络通信的方式，将相关结果作为交互指令传递给机器人，从而实现对机器人的控制。具体通信流程如图 8.10 所示。

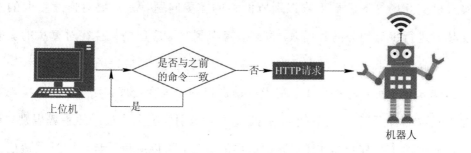

图 8.10　上位机与机器人的通信流程

整个交互系统的交互流程为：上位机在通过模型预测得到手势类别之后，首先判定是否为新的动作指令，当接收到新指令时，通过 HTTP 请求的方式，将识别出的手势信号发送给机器人的控制服务器。机器人控制服务器根据不同的手势信号，发送相应的控制信号到机器人的硬件。硬件控制机器人做出相应的动作，从而实现手势控制机器人的目的。

在手势识别过程中，算法识别出相应的手势后返回不同的数字结果，与机器人动作构成了如下的 5 个对应关系：(0,前进)，(1,后退)，(2,右移)，(3,左移)，(4,停止)。然后根据相应的信号对服务器发出请求，从而对机器人进行控制。同时，由于手势识别算法设计的原因，算法会定时地连续产生手势信号，而相同手势信号会造成机器人控制服务接收的请求中存在大量冗余。同时机器人在处理相同动作时也会发生不连贯的现象，因此要对相同的手势信号不进行请求，只有在发生变化时才进行请求，这使得机器人的动作更加连贯。

机器人的控制服务器是以机器人内置系统作为基础的。在机器人启动后，它会作为一个移动 Wi-Fi 热点。我们把机器人的控制代码封装至接口中并启动一个 Web 服务，当上位机接入机器人的热点之后，便可以访问控制接口，从而实现对机器人的控制。

图 8.11 手势控制机器人的演示

利用手势来控制机器人动作的案例演示如图 8.11 所示,在用户伸直双臂(代表前进)时,机器人开始向前运动,用户向左挥手时,机器人开始向左运动(靠近拍摄方向),之后按照控制手势依次完成向后、向右等动作,并在用户给出停止手势后不再运行,至此完成绕障碍物一圈的运动。

8.4 本章小结

本章以笔者开发过的三个案例为基础,介绍了将手势识别技术在真实场景中应用的方法,并对其中的一些细节问题进行了探讨,对于一些重点环节也给出了相应的代码。希望对读者在实际进行手势识别开发时有所帮助。

参 考 文 献

[1] ZHANG Kaipeng, ZHANG Zhanpeng, LI Zhifeng, et al. Joint face detection and alignment using multitask cascaded convolutional networks [J]. IEEE Signal Processing Letters, 2016, 23(10): 1499-1503.

[2] REDMON J, FARHADI A. YOLO9000: better, faster, stronger[C]// Proceedings of IEEE Conference on Computer Vision and Pattern Recognition. 2017: 7263-7271.

[3] HE Kaiming, ZHANG Xiangyu, REN Shaoqing, et al. Deep residual

learning for image recognition[C]//Proceedings of IEEE Conference on Computer Vision and Pattern Recognition. 2016：770-778.

[4] JIA Yangqing, SHELHAMER E, DONAHUE J, et al. Caffe：convolutional architecture for fast feature embedding[C]//Proceedings of ACM International Conference on Multimedia. 2014：675-678.

[5] TRAN D, BOURDEV L, FERGUS R, et al. Learning spatiotemporal features with 3D convolutional networks [C]//Proceedings of IEEE International Conference on Computer Vision. 2015：4489-4497.

[6] ZHANG Xiangyu, ZHOU Xinyu, LIN Mengxiao, et al. ShuffleNet：an extremely efficient convolutional neural network for mobile devices[C]//Proceedings of IEEE Conference on Computer Vision and Pattern Recognition. 2018：6848-6856.

[7] MA Ningning, ZHANG Xiangyu, ZHENG Hai tao, et al. ShuffleNet v2：practical guidelines for efficient CNN architecture design[C]//Proceedings of European Conference on Computer Vision. 2018：116-131.

第 9 章 手势识别在未来人机交互中
应用的发展探讨

在前面几章中，本书作者对各种不同的手势识别方法进行了探讨，并结合自身开发经验给出了它们在不同场景中的应用思路。本章将首先介绍面向人机交互的手势识别算法面临的一些具体的技术问题及可能的解决方法；随后根据当前国内外研究机构的研究成果，进一步探讨手势识别在人机交互当中的最新应用及发展方向。

9.1 面向人机交互的手势识别新技术

9.1.1 当前手势识别技术面临的问题

在前几章的分析中可以看到，随着深度学习技术的不断发展，基于 CNN 等深度神经网络的手势识别方法在性能上取得了巨大提升。然而，需要注意的是，尽管这些技术取得了突破性的成果，但大多仍处于实验室的研究阶段。相比单纯的基于数据集的手势识别，真实环境中的手势识别具有更强的开放性，光照、背景等环境因素的变化更加多样。这些变化因素都会影响识别系统的性能。同时，在真实识别过程中，手势并不会以独立视频片段的形式出现，在大多数情况下，手势识别系统会处于一个"待机"状态，因此一个功能完备的系统在面对用户所做的非控制手势时应该不做出任何反应，而当用户开始给出控制手势时，需要准确地给出响应。此外，相较于大多数实验室方法而言，在真实环境中的应用往往对实时性和硬件设备成本有着较为严格的要求，因此面对真实环境的手势识别人机交互应用，尚有许多需要进一步研究的问题[1]，具体可总结为以下三点。

1. 开放环境下无关因素的处理

如前所述，真实的人机交互环境是一种开放的环境，背景、光照、用户的服装等都会有不同。同时，由于用户手势的非专业性，对于同样的手势，不同的用户可能会有不同的表现形式。另外，还需要注意到在真实环境下还有可能存在手和身体其他部位的遮挡问题。由于角度的差异，和动作相关的身体部分可能无法得到完全的展示。这些对手势识别算法的泛化能力都是严峻的考验。

2. 动态手势的跟踪和匹配

手势的外观变化使得对其的跟踪一直是一个具有挑战性的问题。由于在跟踪过程中，跟踪窗口的大小会发生变化，因此可能会出现跟踪漂移的问题。同时，目标手势的姿态会不断发生变化，这也会导致跟踪精度降低。而另一个重要的问题是在识别过程中，面对大量的、不断出现的非控制手势，人机交互系统需要做出正确分类，识别出这些动作属于负样本，而非某一类控制手势。在这个过程中，负样本和正样本的数量又存在较大差异，如何平衡样本的比例，做出正确的判断，也是一个具有挑战性的问题。

3. 算法成本问题

为了提升识别性能，大多数手势识别算法都设计了较为复杂的网络结构，其网络层次较深，参数量也较多。相比能够动辄使用数块乃至数十块高性能显卡进行模型训练和测试的实验室环境，真实场景下的人机交互是无法承受如此高昂的计算成本与硬件成本的。同时值得注意的是，目前的大多数算法都是基于大量的训练样本来保证识别的正确率的，而数据的标注本身同样是一个成本较高的任务。因此，如何减少模型的参数量，减少模型对大规模标记数据的依赖，同样是将手势识别算法进行落地应用过程中必须考虑的一个问题。

9.1.2 未来的研究方向

基于以上问题，这里从三维手势重建、手势特征学习、模型压缩和半监督模型构建等角度，对未来可能的手势识别研究方向进行探讨。

1. 基于多传感器设备的三维手势重建

在第 6 章中，我们探讨过基于多模态数据进行手势识别的方法。这些不同模态的数据本质上仍然是视觉数据，尽管它们之间具有一定的互补性，但本质上是将手势视为二维结构的，难以解决手势模型的外观变化与手势旋转问题。同时，无论是红外相机或是以 Kinect 为代表的 RGB-D 相机都对手势演示的背景有较大要求。当背景存在其他物体，或是有其他热源时，都将会干扰手势识别的准确性。在真实场景中，这类复杂背景问题是无法避免的。因此，一种可行的思路是脱离二维视觉的限制，利用毫米波雷达等设备，构建三维立体视觉空间，从而解决单视角背景下可能存在的手势遮挡等问题。

2. 基于多尺度表示的手势特征学习

一般情况下，手势在整幅图像中的比例较小，因此在学习手势特征时，应充分考虑到手势的整体特征和局部特征，既要通过整体特征对整个手势在空间中的位置等宏观信息进行建模，又要基于不同尺度对手势细节进行表征，学习手势的各种细节信息，以此实现对不同尺寸目标手势的联合表示，进而提高对手势特征的表达能力。

3. 基于网络结构搜索的模型压缩

在 9.1.1 节中曾经提到，真实场景中的手势识别应用往往对参数量和硬件设备要求较为严苛。因此对模型进行压缩，降低模型参数量，使之可以在计算能力没有那么强的移动式设备上运行，同样是一个需要研究的问题。网络结构搜索（Neural Architecture Search，NAS）是近些年兴起的一种技术。相比之前通过人工设置超参数进行网络优化的方法，基于 NAS 的方法可通过自动参数优化获得最佳网络结构，减少网络中不必要的参数，从而提升网络的性能。此外，模型剪枝（Pruning）也是一项重要的技术。业界普遍认为虽然实现更好的效果需要更为复杂的网络结构，但这样的模型一般有着比较高的冗余度，很多特征图其实响应较弱。因此可以对模型进行裁剪，减少模型与这些低响应特征的关联，即可以在降低较少精度，甚至可能提高精度的情况下，减少模型运行所需要的时间与空间资源。

4. 面向海量开放数据的半监督模型构建

不仅是手势识别领域，现有的监督学习方法多依赖于精确标注，但数据标注本身是一个非常消耗人力、物力的工作，特别是随着互联网的发展，数据量出现了爆炸性的增长。因此，针对海量视频数据标注困难的问题，有必要构建视频分类、动作识别的半监督模型，通过将在少量标注数据上学习的模型在未标注数据上进行泛化和迭代，有效利用未标注的大量无标签数据，提升模型的泛化能力，从而更好地处理开放环境下的手势识别问题。

9.2 手势识别在人机交互中的新应用

9.2.1 智能驾驶

众所周知，汽车驾驶员在驾驶过程中与汽车控制设备的互动存在一定的不安全因素，主要是因为驾驶员在与汽车的人机交互过程中可能会分散注意力。目前，车载人机交互主要通过触控显示屏和语音进行。虽然触控显示屏的触控精度和反应速度一直在不断地提升，但触摸控制必须依赖使用者接触屏幕表面的这一特点限制了使用者的操作空间和灵活性。在语音识别方面，虽然相关的技术和产品成熟度较高，但语音识别在处理持续性命令（例如调节音响的音量、调节播放的进度）时仍然存在局限性[2]。而手势识别的灵活性可以与上述两种技术更好地互补。目前以宝马、捷豹、奔驰为代表的汽车厂商已经将手势识别技术应用到了汽车控制系统中。如图 9.1 所示，用户可以通过手势进行接听电话、拒接电话、调整音量等操作。这种触控、语音以及手势控制相融合的多层次交互模式，正逐渐被汽车厂商所关注。

图 9.1 手势识别在智能驾驶中的应用示意

9.2.2 智能家居

智能家庭控制系统有很多不同的名称，包括智能家居、家庭自动化和综合家庭系统。其中，"智能家居"是比较耳熟能详的名字。该系统一般以住宅为平台，将综合布线、网络通信、安全防范、自动控制等技术进行集成，目的是方便地控制家庭电子设备，包括音频设备、视频设备、家庭办公设备、电信设备、安全设备、照明设备及空调等。如图 9.2 所示，以电视为例，在智能家居环境中，人们可以通过手势、语音等方式更为便捷地进行音量调节、频道切换等。

图9.2 手势识别在智能家居中的应用示意

与传统家居相比，智能家居能够使居民的生活更轻松、更安全。无论居民是在工作还是度假，智能家居都会提醒居民家中的紧急状况的发生。智能家居还能自动调节一些家用设备的功耗，在闲置时让设备进入"睡眠"状态，在使用时将其"唤醒"，以此实现能源的有效利用。另外，对于独居的老年人和行动不便的残疾人士而言，智能家居能够提供实时的健康状况监护，在发生意外时还能及时通知医疗机构和亲属。这无疑为居民生活提供了较大的便利。

在智能家居系统中，人机交互是重要的组成部分。与传统人机交互模式相比，利用手势识别实现的无接触式人机交互更为灵活、自然，使用者在家中的任何地方只用手势动作就可以控制各种智能家电。例如，使用者无须使用遥控器，仅使用简单的自定义手势动作就能够开关房间的照明设备、调节电视的音量、调节冰箱的温度。这是智能家居的一个重要发展方向，很多设计者也在尝试设计相应的产品。2016 年法国设计师 Vivien Muller 设计出了一款名为 Bearbot 的遥控器[3]。该遥控器可以通过应用程序配对家中的各种遥控器，再通过录入各种手势指令，使用者就可以单靠手势去控制家中的各种家电。无独有偶，以色列的 Eyesight公司曾推出一个名为"Onecue"的工具，它允许用户通过手势和手臂去控制家用电器设备，可以取代数量繁多的各种遥控器[4]。Onecue 的操控并不复杂，它正面有一个小显示屏，上面的图标代表着其现在正在控制的电器，用户只要用简单的手势就可以进行切换或对当前电器进行控制。

9.2.3　无人机控制

无人机是指由机载飞行计算机或手持遥控装置控制的飞行器。虽然无人机最早应用于军事领域，但近年来，受到多种技术进步的影响，非军事应用的低成本民用无人机也得到了快速发展。我们看到越来越多的小型无人机被设计用于民生领域，如摄影、测量、遥感、林业和农业、环境和能源等[5]。

传统的无人机操控一般是通过遥控器进行的，使用者通过遥控器上的摇杆和按钮对无人机发送操作指令。这种传统的操控方式能够与无人机进行较远距离的通信，并且能够适应多种不同环境下的飞行任务。但缺点是对操作人员有较高的要求，操作人员需要学习一系列复杂的使用方法和操作指令。随着手势识别技术的发展，将手势识别与无人机控制相结合成为了无人机控制的一种新模式。如图9.3所示，利用手势识别技术，使用者无须学习专业的操作指令，只要通过用户自定义的手势动作就可以控制无人机的飞行。这种新的无人机控制模型更能满足普通民众对于无人机使用的需求。大疆作为国内知名的无人机厂商已经将手势识别技术搭载在无人机产品上。他们在2017年推出的"Spark 晓"无人机能够通过手势而不需要遥控器对无人机进行控制。用户只需要执行简单的手势就可以实现无人机的位置调整、飞行方向控制以及自拍、召回、掌上降落等功能。在这之后大疆还推出了 Mavic Air 和 Mavic 2 等搭载手势识别技术的后续产品[6]。随着研究的不断进步，手势识别与无人机控制将结合得更加紧密。中科院沈阳自动化所也推出了一款"人机协作的智能无人机系统"[7]，该系统将基于视觉的智能手势识别技术与无人机飞行平台相结合，通过人的手势动作实现对无人机飞行任务的控制。沈阳自动化所研究员何玉庆介绍道，这一系统在国内首次实现了在户外强光干扰下的人机交互飞行实验，大大提升了系统对真实户外环境的适应能力，缩短了未来智能无人机与人们真实生活的距离。未来，人们通过几个简单的手势即可实现无人机的控制。

图 9.3　手势识别应用于无人机控制示例

9.2.4　机器人控制

　　随着机器人技术的发展,机器人逐渐从实验室进入了人们的日常生活。机器人已经可以代替人类从事工厂中的一部分工作,也可以在日常生活中给人们提供娱乐和帮助。截至 2020 年,全球已有 260 万台工业机器人投入使用,人类和机器人之间的交互变得越来越频繁。因此设计和开发对人类友好且适应性强的机器人对当今制造业的发展起着举足轻重的作用。如图 9.4 所示,手势作为人们之间一种常见的交

图 9.4　利用手势进行机器人交互示意

流方式,包含有较大的信息量并且有着自然、简单、直接的优势,因此基于手势识别技术的机器人控制也更为简便和友好,其重要地位愈加凸显。

　　正是因为手势识别在非接触式机器人控制领域有着重要地位,近年来国内外的研究团队提出了许多利用手势控制机器人的方法。麻省理工学院的计算机科学与人工智能实验室开发了一套依靠脑电波和手势就能控制机器人的系统[8]。该系统在通过可穿戴设备获取手势的同时,还通过收集人在做动作时的脑电波来为机器人提供相应的脑电波形态,向老年人、语言或者行动障碍者提供帮助。段中兴和白杨[9]则利用 CNN 进行手势学习,并利用机器人操作系统(Robot Operating System,ROS)设计了手势,引导机器人示教系统,控制机器人进入学习、编码、执行等模式。

9.3 本 章 小 结

本章分析了手势识别在当前人机交互应用环境中所面临的几种问题及解决这些问题的可能方向。同时结合国内外研究机构的研究成果，介绍了手势识别在人机交互中的新应用。

参 考 文 献

［1］ 田秋红，杨慧敏，梁庆龙，等. 视觉动态手势识别综述［J］. 浙江理工大学学报（自然科学版），2020，43(4)：557-569.

［2］ 华一汽车科技. 手势识别将成为智能汽车一大新趋势［EB/OL］. (2019-08-05). http://www. itas-hk. com/news/hyzx/860. html.

［3］ 品康科技. 手势就可以控制家中所有电器，Bearbot 简直帅爆了！［EB/OL］. (2016-09-12). https://www. sohu. com/a/114158964_364422.

［4］ ifanr. Onecue 手势操作，将家电玩弄于股掌之间［EB/OL］. (2014-11-25). https://www. ifanr. com/news/471926.

［5］ ARFAOUI A. Unmanned aerial vehicle：Review of onboard sensors，application fields，open problems and research issues［J］. International Journal of Image Processing，2017，11(1)：12-24.

［6］ 麦玮琪. 大疆 Mavic Air 发布，有 7 个摄像头真的可以为所欲为 ［EB/OL］. (2018-01-24). https://www. sohu. com/a/218608156_602994.

［7］ 王莹. 中科院沈阳自动化所三款机器人首次亮相［EB/OL］. (2017-05-21). http://www. cas. cn/cm/201705/t20170522_4602213. shtml.

［8］ SIMONS A. How to control robots with brainwaves and hand gestures［EB/OL］. (2018-06-20). https://news. mit. edu/2018/how-to-control-robots-with-brainwaves-hand-gestures-mit-csail-0620.

［9］ 段中兴，白杨. 结合深度学习的机器人示教系统设计［J］. 计算机测量与控制，2020，28(11)：164-169.